FISCHER

MAXINE SCHIFFMANN

DAS BERUFUNGUNGS PRINZIP

WIE DU MIT **BUSINESS-JOURNALING** DEINE **BERUFLICHE ERFÜLLUNG** FINDEST

FISCHER

Aus Verantwortung für die Umwelt hat sich der Fischer Kinder- und Jugendbuch Verlag zu einer nachhaltigen Buchproduktion verpflichtet. Der bewusste Umgang mit unseren Ressourcen, der Schutz unseres Klimas und der Natur gehören zu unseren obersten Unternehmenszielen

Gemeinsam mit unseren Partnern und Lieferanten setzen wir uns für eine klimaneutrale Buchproduktion ein, die den Erwerb von Klimazertifikaten zur Kompensation des CO_2-Ausstoßes einschließt.
Weitere Informationen finden Sie unter: www.klimaneutralerverlag.de

Bildnachweis:
S. 3 © shutterstock.com/Simple Line, S. 13, S. 99, S. 181: © shutterstock.com/valenty, S. 25: © shutterstock.com/DODOMO, S. 35: © shutterstock.com/ann1911, S. 68, S. 125, S. 156: © shutterstock.com/Singleline.
Alle anderen Illustrationen: Christina Hucke

MIX
Papier aus verantwortungsvollen Quellen
FSC® C084279

Erschienen bei FISCHER New Media
Frankfurt am Main, März 2022

Hedderichstraße 114, 60596 Frankfurt am Main
Lektorat: Britta Fietzke
Layout und Satz: Christina Hucke
Druck und Bindung: Print Consult, München
Printed in Slovakia
ISBN 978-3-7335-5016-5

Weitere Informationen zum Kinder- und Jugendbuchprogramm der S. Fischer Verlage finden Sie unter: www.fischerverlage.de

INHALT

EINLEITUNG

2014. »So fühlt sich also Erfolg an«, dachte ich noch, als ich das erste Mal im schicken neuen Blazer in den Glasaufzug stieg, den Knopf für das 44. Stockwerk auswählte und, oben angekommen, das Büro betrat. Mein Blick glitt über die imposante Frankfurter Skyline und den Main, der in naher Ferne in der Sonne glitzerte.

Ich hatte einen der begehrten Praktikumsplätze in der Social-Media-Abteilung einer bekannten Bank ergattert. Ein vermeintlich geniales Sprungbrett ins Arbeitsleben, schließlich stand ich kurz vor Abschluss meines BWL-Studiums.

Ich hatte mir ausgemalt, wie erfüllend es sein würde, meine Kreativität auf den Social-Media-Plattformen der Bank auszuleben und meine eigenen Ideen in die Welt zu bringen. Aber die strikten Vorgaben, die interne Firmenpolitik und die langen Dienstwege im Konzern hatten mir schnell gezeigt, dass die Realität weit entfernt war von meiner blumigen Vorstellung.

Eines Nachmittags, nur drei Monate später, nach einem langen, erschöpfenden Arbeitstag mit Facebook-Analysen und Erstellen von Präsentationen, dachte ich verbittert: »Braucht die Welt wirklich noch einen dieser Posts?« Ein Gefühl der Sinnlosigkeit pulsierte durch meine Adern.

Aber dann flüsterte mir meine innere Stimme zaghaft zu: »Maxine, das hier ist nicht deine Berufung.« Ich konnte es nicht länger leugnen: Ich war im falschen Job und fühlte mich wie viele andere Menschen – nach außen hin erfolgreich, aber innerlich leer.

Wenn Social Media nicht mein Traumjob war, was war es dann? Würde ich meine Berufung finden oder unerfüllt in einem x-beliebigen Bürojob landen und so dann mein Potenzial verschwenden?

VOM SUCHEN UND FINDEN

Du verbringst etwa ein Drittel deiner Lebenszeit mit der Arbeit – das macht sie somit nach dem Schlafen zu unserer zweithäufigsten Beschäftigung. Wäre es daher nicht wichtig, wenn wir etwas täten, was uns erfüllt, was wertschöpfend ist? Nicht nur für uns selbst, sondern auch für unser Umfeld?

Doch viele von uns sind im falschen Job: Jede zweite Berufstätige ist mit ihren Arbeitsbedingungen unzufrieden, und knapp jede Dritte fühlt sich aufgrund ihres Arbeitsalltags häufig erschöpft und müde.[1]

Ich weiß nicht, wie es dir beim Lesen dieser Zahlen geht, aber ich wusste, dass ich das nicht für mich wollte – und da du dieses Buch gerade in den Händen hältst, vermute ich: du auch nicht. Du verdienst es, beruflich erfüllt zu sein und mit deinen Gaben in dieser Welt einen positiven Unterschied zu machen!

Also begab ich mich auf die Reise zu meiner Berufung: Ich suchte, fiel hin und stand wieder auf ... und fand sie. Im Prozess erschuf ich mir eine spannende, unkonventionelle Karriere, in der ich heute meine Leidenschaft für die persönliche Entwicklung und das Unternehmertum nicht nur auf eine, sondern auf drei großartige Weisen auslebe:

- als Business & Personal Growth Coach für selbständige Frauen,
- als Managerin eines Start-up-Stipendiums und
- als Moderatorin einer digitalen Show.

Ich erschuf mir einen erfüllenden Berufsalltag, bei dem ich meine Coachingklienten durch Transformationen begleite, wöchentlich neue Journalsessions für meinen *Business-Journal*-Podcast kreiere, coole Start-up-Trainings und Events an tollen Locations moderiere oder Gastexpertinnen in der digitalen Show interviewe. In den letzten Jahren hatte ich die Chance, mit spannenden Marken wie der Google Zukunftswerkstatt, Youth Business International, der Taunus Sparkasse, der Standard Chartered Foundation, Merck und der Entrepreneur

University zusammenzuarbeiten. Ich genieße die große Freiheit und den Lebensstil, den mir meine Berufung ermöglicht, unter anderem mehr als zehn Monate an diesem Buch zu schreiben.

Mit meiner Geschichte und diesem Buch möchte ich dir Mut machen. Mut, dass auch du deine Berufung finden kannst – unabhängig davon, an welchem Punkt in deinem Leben du dich gerade befindest. Möge dir dieses Buch ein Wegweiser zu beruflicher Zufriedenheit sein und dich dazu befähigen, deine Erfüllung zu erschaffen. Und dafür wirst du eines der kraftvollsten Tools kennenlernen: das Business Journaling.

Journaling umfasst die schriftliche Reflexion in einem Notizbuch – digital und/oder analog. Sozusagen die moderne und weiterentwickelte Form des Tagebuchschreibens. Business Journaling wird dir helfen, neue Klarheit, Selbstbewusstsein und Erfüllung für dich zu gewinnen. In Journalübungen mit leicht umsetzbaren Anleitungen wirst du deine eigenen Antworten auf die wichtigsten beruflichen Fragen finden und dich selbst dabei noch mehr kennen- und schätzen lernen.

Dieses Buch ist kein klassisches Lesebuch, sondern ein sicherer Rückzugsort, an dem du reflektieren, in den du reinschreiben und in dem du Erkenntnisse gewinnen kannst. Wenn du dieses Buch gerade als E-Book liest, übertrage die Journalfragen aus den Kapiteln einfach in ein blanko Notizbuch deiner Wahl und beantworte sie dort.

Das Buch besteht aus vielen kürzeren, blogartigen Kapiteln, die für sich allein stehen und gleichzeitig Teil des großen Ganzen sind. In den ersten drei Teilen gebe ich dir die Basis für das Finden deiner Berufung an die Hand. Mein eigens erarbeitetes BeRUFungsmodell im dritten Teil wird dir ein Framework geben, um deine nächsten Berufsschritte abzuleiten, um diese dann mit Hilfe des vierten Teils umzusetzen. Daher empfehle ich dir, das Buch zuerst kapitelweise von vorne bis hinten zu lesen. Im weiteren Verlauf deiner Berufungsreise lädt dich das Buch auch als intuitiver Impulsgeber im Alltag ein: Schlage dafür einfach eine beliebige Seite auf und lies ab dieser Stelle. Lass dich vom Zufall inspirieren.

Da der Großteil der Menschen meiner Community Frauen sind, habe ich mich für die weibliche Betitelung entschieden. Bitte ergänze, wenn nötig, die maskuline oder genderneutrale Ausdrucksform für dich.

Möge dieses Buch dein Weckruf sein, dir selbst ein erfülltes Berufsleben zu erschaffen! Die Zeiten des Follower-Daseins, des Abwartens und Kleinmachens sind vorbei. Mein Herzenswunsch ist es, dir mit diesem Buch zu helfen, deinen Berufungsweg mit Leichtigkeit zu gehen, um Großartiges für dich und die Welt zu erschaffen. Du wirst gebraucht!

Und jetzt lass uns gemeinsam starten.

Deine Maxine

BONUSMATERIAL FÜR DEINEN WEG

Um dir bestmöglich beim Folgen deiner Berufung zur Seite zu stehen, habe ich einige weitere Hilfestellungen für dich erstellt, die dich während des Lesens und darüber hinaus stärken.

www.maxineschiffmann.de/bonus
Auf der Website www.maxineschiffmann.de/bonus findest du kostenfreie Vorlagen zum Download, Interviews zum Buch sowie wertvolle Geschenke für deine Berufungsreise.

#beRUFungsprinzip
Teile deine Meilensteine mit der Community mit dem Hashtag #beRUFungsprinzip und lass dich von mir feiern.

Teil 1

EINE HELDIN AUF DER SUCHE – MEINE GESCHICHTE

WENN SCHMERZ DICH VORANBRINGT

Schmerz hat ein arg schlechtes Image. Ist dir das auch schon mal aufgefallen? Wir verabscheuen ihn, wollen ihn loswerden und tun viel dafür, ihn aus unserem Berufsleben zu verbannen. Niemand will Schmerzen spüren: sei es der Schmerz, der entsteht, wenn wir uns im falschen Job befinden, wenn wir beruflich noch nicht angekommen sind oder nicht die Erfüllung im Alltag spüren, nach der wir uns so sehr sehnen.

Auch ich wollte meinen Schmerz loswerden, denn als junge Frau hatte ich viel davon. Nachdem ich von der Mittelschule aufs Gymnasium wechselte, ging es schulisch bergab: Jahr für Jahr verzierte das Wort »versetzungsgefährdet« meine Zeugnisse, bis mir Mathematik im 9. Schuljahr endgültig das Genick brach und ich die Klasse wiederholen musste. Ich fühlte mich inkompetent und dumm, auch wenn ich heute weiß, dass meine Schwierigkeiten weniger mit mir als mit der Schule zu tun hatten. Nicht genug, dass ich dort Probleme hatte – daheim gab es auch Stress: Mein Stiefvater litt an Depressionen, meine Mutter an der daraus resultierenden Gesamtsituation. Inmitten des Chaos spürte ich eine tiefe Traurigkeit. Ich hatte keine Ahnung, wer ich überhaupt war, konnte mich selbst weder lieben noch wertschätzen und wusste nicht, wie ich mit meinen Gefühlen umgehen sollte.

Mit 16 zog ich daher zu meinem Vater, meiner Stiefmutter und zwei jüngeren Schwestern nach England, um dort auf eine öffentliche Schule zu gehen. Eine Flucht in ein anderes Leben, der Versuch, meinen Schmerz zu lindern. So hofften meine Familie und ich es jedenfalls. Aber wir sollten uns da leider getäuscht haben.

Was als Familienparadies auf kleinem englischem Raum begann, endete anderthalb Jahre später mit meinem erneuten Auszug – in eine Wohngemeinschaft in Basingstoke mit einem Zimmer, das nur wenig größer war als Harry Potters unter der Treppe. Es war eine dunkle Zeit. Statt der erhofften Verbesserungen fühlte ich mich noch trauriger, hilfloser, aber genauso verlassen wie zuvor. Ich kämpfte mit der englischen Sprache, der neuen Umgebung und dem neuen Familiengefüge. Zusätzlich war ich getrieben von den schmerzhaften

Relikten meiner Vergangenheit: der Scheidung meiner Eltern, dem Aufwachsen mit zwei »Bonuseltern«, die in meinen Augen damals zu viel waren, und den normalen Alltagsdramen des Erwachsenwerdens. Meine Familie konnte nicht viel für mich tun, obwohl sie es versuchte.

Da saß ich nun noch immer mit meinem Schmerz und wusste, dass ich etwas grundlegend verändern musste.

Was, wenn ich dir sage, dass dies einer der wichtigsten Momente meines Lebens war? Schmerz ist ein großer Antreiber und wertvoller Wegweiser, denn er lässt uns unsere Komfortzone verlassen und treibt uns an, neue Lösungen und Wege zu finden – damit wir über uns selbst hinauswachsen können.

Getrieben von meinem Schmerz, machte ich mich auf den Weg, um meine innere Traurigkeit zu heilen und meine schulischen Probleme zu lösen – eine Entscheidung, die den Start meiner Berufung markieren sollte, auch wenn ich dies zu diesem Zeitpunkt noch nicht wusste.

Ich entdeckte die Welt der Persönlichkeitsentwicklung und begann, intensiv an mir selbst zu arbeiten. Ich nutzte mein Journal viel und oft, und mit jeder Reflexionsfrage lernte ich mich selbst besser kennen und mir mehr zu vertrauen. Stück für Stück fand ich meine Heilung in Büchern, Kursen und Seminaren – aber vor allem in mir selbst. Durch das Journaling konnte ich meine innere Stimme wieder wahrnehmen, die so ganz anders klang, als die lauten angstvollen Gedanken, die sonst das Innere meines Kopfes beherrschten.

Heute weiß ich, dass alle diese innere Stimme in sich tragen, aber viele von uns in unserer lauten Welt mit all ihren Ablenkungen verlernt haben, sie zu hören. Vielleicht erkennst du dich hier wieder?

Mein persönliches Wachstum und das Journaling halfen mir dabei, letztlich die Schule in England als eine der Besten des Jahrgangs abzuschließen und mein dort gemachtes Einserabitur als Grundstein für meine Berufung zu sehen: »I was finally back in the game!«

DEINE NEUGIER WEIST DIR DEN WEG

2012. Zurück in Deutschland, begann ich mein BWL-Studium in Frankfurt. Durch die Fortschritte, die dank meines persönlichen Wachstums möglich wurden, war ich auf den Geschmack der Persönlichkeitsentwicklung gekommen, und sie hatte sich mittlerweile zur Leidenschaft entwickelt. Ich hatte gelernt, mit meinen selbstkritischen Gedanken und schmerzhaften Gefühlen auf neue Weise umzugehen, und fühlte mich besser als je zuvor.

Doch noch immer hatte ich keine Ahnung, was ich nach meinem Studium beruflich machen sollte. Irgendwo in mir spürte ich, dass ich aus einem bestimmten Grund hier war – ich musste ihn nur finden. Vielleicht kennst auch du dieses Gefühl, dass du nicht aus Zufall hier bist und etwas beizutragen hast?

Ich begann, nach meiner Berufung zu suchen, und war offen für alle möglichen Karriereoptionen, auch für die Selbständigkeit. Die Frage war nur: Mit welcher Idee konnte ich mich selbständig machen? Was entsprach meiner wahren Berufung?

Immer wieder brainstormte ich Berufungsideen in meinem Notizbuch: vom Rechercheservice über Onlinemarketing bis zum thailändisch inspirierten Sandwichwagen war alles dabei. Meine Journals waren gefüllt mit Einträgen wie:

**»Die Zeit läuft mir davon, und ich weiß noch immer nicht, was genau ich beruflich machen will.
Die Studienzeit ist perfekt, um mein eigenes Ding zu starten und mir etwas aufzubauen, aber ich weiß einfach nicht, was das Richtige für mich ist.«**

Ich wollte endlich loslegen, um etwas aus meinem Leben zu machen. Die Uhr tickte mit jedem weiteren verstrichenen Semester, ohne dass ich meiner Berufung merklich näher kam. Wenn ich nicht bald meine Berufung fand, würde ich nach meinem Studium unglücklich in irgendeinem unbedeutenden Job versauern, dachte ich voller Angst.

Manchmal kommen wir an einen Punkt auf unserer Reise, an dem wir vertrauen und unserer Neugier folgen müssen, weil alles andere noch keinen Sinn ergibt. Genau da stand ich jetzt. Also folgte ich meiner Neugier, die mich irgendwann zu einer Entrepreneurship-Konferenz nach Oestrich-Winkel führte. Ich weiß noch genau, wie ich an dem kleinen Klapptisch im Seminarraum saß, mein dunkelgrünes Journal vor mir lag und ich an den Lippen der wechselnden Unternehmer und Redner hing. Ich schrieb mir sorgfältig Zitate und ihre Ideen in mein Notizbuch, ohne zu merken, dass ich beobachtet wurde.

»Was machst du eigentlich mit deinen Notizen?«, sprach mich in einer Pause plötzlich eine wildfremde Frau an. Ich zuckte mit den Schultern. »Nichts, sie sind nur für mich, zum Lernen.« Sie lächelte und antwortete: »Du solltest sie nicht für dich behalten. Warum startest du nicht deinen eigenen Blog?«

Manchmal ist es eine kleine oder beiläufige Bemerkung, die uns die zündende Idee gibt, wenn wir aufmerksam und neugierig bleiben. Obwohl ich keine Ahnung hatte, wie man einen Blog aufbaute, verspürte ich eine plötzlich aufkeimende Freude und Aufregung bei der Vorstellung, die mich zum Handeln aufrief. Noch am selben Abend schrieb ich in mein Journal:

»Endlich habe ich ein Ziel vor Augen: Mit dem Blog werde ich meine Leidenschaft für persönliche Entwicklung und all das, was ich selbst lerne, mit meinen Leserinnen teilen. Das passt wie die Faust aufs Auge!«

Dank der Blogidee entdeckte ich die Welt des Onlineunternehmertums und lernte hauptberufliche Blogger kennen, die anderen Menschen online etwas beibrachten und vermittelten. Ein wichtiges Puzzleteil für meine Berufung, wie sich später herausstellen sollte.

Während ich tagsüber versuchte, mein Studium und meinen Nebenjob unter einen Hut zu bringen, lernte ich abends, wie man eine Website erstellte und ein eigenes Branding aufbaute. Mein Onkel, der ein eigenes Computergeschäft führte, half mir mit der Technik.

Auch wenn mich Selbstzweifel plagten und ich mich manchmal fragte, was *ich* denn schon zu bieten hätte, was andere unbedingt lesen wollen würden, ging der Blog mit dem Namen The Leader of Tomorrow nach vielen (vielen, vielen) Arbeitsstunden sechs Monate später live. Endlich konnte ich andere erreichen, ihnen dabei helfen, ihre Zweifel und Ängste zu lindern, und ihnen bei ihrer persönlichen Entwicklung zur Seite stehen.

Aber zuerst schloss ich noch mein besagtes Bankpraktikum ab, beendete mein Bachelorstudium und kündigte meine Frankfurter Einzimmerwohnung. Meine harte Arbeit zahlte sich aus: Ich erhielt ein Stipendium für meinen Master und konnte so zurück nach England gehen. Ich hatte ein weiteres Jahr gewonnen, um meinem Traum von der reichweitenstarken Bloggerin näher zu kommen, bevor ich endgültig im Berufsleben stand.

DAS LEBEN SCHICKT DIR EIN ZEICHEN

2016. Mittlerweile hatte ich meinen Master beendet und durch meine Nebenjobs genug Geld angespart, um einige Monate mit meinem Partner Matt nach Neuseeland zu reisen.

Ich hatte gehofft, dass mir diese Zeit helfen würde, mich selbst noch mehr zu finden und meinen Blog voranzutreiben, aber mittlerweile fiel mir das Schreiben schwer, ich fand das regelmäßige Posten anstrengend und mein Wunsch, aus dem Blog ein Business zu machen, erzeugte einen immensen Druck, für den ich nicht gewappnet war.

Meine innere Kritikerin mochte meine eigenen Blogposts nicht, und der große Durchbruch ließ auch nach drei Jahren Arbeit noch auf sich warten. Was machte ich nur falsch?

Mein Verstand wollte mehr: Klarheit, Planungssicherheit. Und eine Erfolgsgarantie. Vor allem aber wollte er eines: sich sicher sein, dass der Blog mich zu meinem Traumbusiness führen würde. Da ich ihm das nicht liefern konnte, fühlte ich mich klein und unbedeutend. Alle um mich herum waren bereits fest in ihrem Berufsleben verankert, während ich in Neuseeland saß und nur einen Blogger-Traum hatte, der nicht aufgegangen war.

»Das kann nicht meine Berufung sein, wenn es so schwer ist. Mein Traumjob sollte doch Spaß machen!«, fasste ich die Situation unglücklich in meinem Journal zusammen.

Meine innere Stimme flüsterte mir daraufhin – leise, aber nachdrücklich – zu: »Lass den Blog los, Maxine.« Aber konnte ich einfach so alles aufgeben, was ich mir so hart erarbeitet hatte? Ich fühlte mich wieder verloren, Kopf und Herz zogen in verschiedene Richtungen. Sollte ich wirklich alles hinwerfen? Wenn der Blog nicht meine Berufung war, was war es denn dann?

Ich bat um ein Zeichen. Und dieses kam drei Tage später in Form eines Anrufs. Die Stimme meines Onkels schallte wutentbrannt durchs Telefon: »Dein Blog wurde gehackt! Alles ist down! Und mein kompletter Server wurde auf die Sperrliste gesetzt!« Eine Katastrophe.

Doch innerlich spürte ich, wie mir ein Stein vom Herzen fiel. Der Blog war weg. Mir war die Entscheidung genommen worden, und so war ich endlich frei, um meine wahre Berufung zu finden. Das Leben hatte mir ein Zeichen geschickt. In diesem Moment erlebte ich zum ersten Mal bewusst, dass ich auf dem Weg zu meiner Berufung nicht alles aus eigener Kraft stemmen musste, sondern mir das Leben zur Seite stand und half. Wenn ich es ließ.

Auch du wirst immer unterstützt und kannst dich vom Leben auf dem Weg zu deiner Berufung führen lassen. Solange du es zulässt. Für mich war es jetzt also Zeit für etwas Neues – aber was?

SCHLIESST SICH EINE TÜR, ÖFFNET SICH EINE ANDERE

Es gibt Menschen, die in deinem Leben eine wichtige Rolle spielen sollen: Das Leben schickt sie dir in Form von Freunden, Mentoren und Weggefährtinnen. Bei mir waren es zwei, und die Erste war Karolin König-Baykan. Wir lernten uns im Bachelorstudium kennen, aber nach einem etwas unglücklichen Freundschaftsstart (sie fand mich »süß«, ich sie arrogant) fanden wir erst im zweiten Semester zueinander.

Ab diesem Zeitpunkt machten wir unsere Projektarbeiten zusammen und vertieften unsere gemeinsame Leidenschaft für die Persönlichkeitsentwicklung. Sie, die ein paar Jahre älter ist als ich, arbeitete neben dem Studium für einen erfolgreichen Coach und hatte bereits einiges an Berufserfahrung gesammelt. Wir sprachen über die verrückte Idee, irgendwann beruflich zusammenzuarbeiten, aber der Bachelorabschluss trennte uns zunächst wieder räumlich. Sie stieg zuerst erfolgreich bei einer Managementberatung und danach bei einem Headhunter ein, während ich meinen Master abgeschlossen hatte und dann auf Reisen gegangen war. Als sie an einem »eigentlich ganz normalen Montagmorgen« aus heiterem Himmel die Kündigung erhielt, saß ich gerade am anderen Ende der Welt in Neuseeland und erfreute mich an dem Gedanken eines Neustarts nach dem Blog.[2]

Oft verpackt das Leben wertvolle Geschenke in Situationen, die auf den ersten Blick als Katastrophe oder Krise daherkommen. Auch die Kündigung stellte sich als wahres Geschenk heraus, denn sie half uns, aktiv zu werden, und so gründeten wir sechs Monate später gemeinsam ein Coachingunternehmen. Beflügelt von der Mission, anderen bei ihrer Karriereorientierung zu helfen, brachten wir Karolins Personal- und Headhunter-Expertise mit meiner mittlerweile mehr als siebenjährigen Erfahrung der persönlichen Entwicklung zusammen: Wir hatten ein Coachingkonzept.

Unser Unternehmen Career Catalyst war geboren. Endlich ergab auch meine schmerzhafte Berufungsreise mit ihren vielen Höhen und Tiefen einen Sinn, denn nun konnten unsere Klienten davon profitieren. Die Puzzleteile hatten sich auf magische Weise zusammengefügt. Wenn da nicht wie so oft diese Stimme gewesen wäre: Trotz Coachingausbildung, Masterstudium und vieler Fortbildungen fühlte ich mich innerlich alles andere als bereit:

»Vielleicht ist jetzt nicht der richtige Zeitpunkt für eine Gründung? Ich bin einfach noch nicht so weit und habe Angst vor der Kundenakquise. Ich will keine Videos machen und mich vor meinen Freunden zum Affen machen. Vielleicht bin ich einfach keine geborene Unternehmerin?«

Ich erkannte, dass ich selbst die größte Hürde auf dem Weg zu meiner Berufung war: meine unterbewussten limitierenden Denkweisen, meine mich selbst sabotierenden Gewohnheiten und die eigenen Zweifel. Ich begann, wieder an mir zu arbeiten und mein Journal dieses Mal für mein berufliches Wachstum zu nutzen. Während sich die Erfolge unserer Klienten mehrten, wuchs mein Selbstvertrauen gleich mit. Wir boten nun Eins-zu-eins-Coaching an, hielten Vorträge auf Jobmessen und wurden von Universitäten für Workshops gebucht. Career Catalyst wuchs und gedieh – wenn auch zuerst langsam. Ein Traum wurde Wirklichkeit.

DAS LEBEN WILL DIR ZUR SEITE STEHEN

Auf dem Weg zu deiner Berufung musst du den Weg nicht immer selbst finden, sondern er findet auch dich. Das Leben wird dir mit Zufällen und Wegbereitern zur Seite stehen, die dein Potenzial erkennen und dir helfen, deinen Weg durch die Dunkelheit zu finden.

Neben Karolin war mein zweiter wichtiger Wegbereiter Dirk Luenzer, der Managing Director von Youth Business Germany (YBG), einer sozialen Initiative für junge Gründer und Gründerinnen, von der wir für den Aufbau von Career Catalyst Unterstützung bekamen. Er war derjenige, der eines Tages zu mir sagte: »Maxine, ich sehe dich als das neue Gesicht von YBG.« Also bot er mir eine Stelle als Stipendiumsmanagerin an und schaffte es, mich immer wieder aus meiner Komfortzone herauszuholen: Ich führte Mentoringtrainings mit Vorstandsvorsitzenden durch, plante gemeinsame Messeauftritte und organisierte Start-up-Events.

Die zusätzliche Stelle bei YBG und der zeitgleich laufende Aufbau von Career Catalyst waren oft nicht leicht unter einen Hut zu bringen. Immer wieder wollte ich alles hinwerfen. Aber: Das beste Training ist eben kein Ponyhof.

Ich erinnere mich noch gut an einen Abend im Jahr 2019. Es war der Abend unseres bis dato größten Start-up-Events. Ich stand hinter der Bühne, während der Timer in unserer Präsentation auf der großen Leinwand zum Eventstart herunterzählte.

3 Minuten ... 2 Minuten ... 1 Minute ... Los geht's!

Gleich musste ich vor 200 Menschen auf die Bühne treten, aber jede Zelle in meinem Körper sträubte sich dagegen. »Warum mache ich das?«, fragte ich meinen Partner Matt voller Panik. Vielleicht konnte ich mich ja noch einfach davonstehlen?

Wachstum ist nicht immer angenehm: dieses Gefühl der Unsicherheit, wenn du deine liebgewonnene Komfortzone verlässt und dich auf neue Abenteuer einlässt. Es ist nicht immer leicht, durch den Sturm der Angst zu gehen. Aber der Weg zu deiner Berufung ist ein Pfad des Wachstums, der dich für all deine Wachstumsschmerzen belohnen wird.

Fünf Stunden später feierten wir den Abschluss einer großartigen Veranstaltung und ich eines meiner wichtigsten Wachstumsmomente des Jahres. Als ich kurz nach Mitternacht wieder zu Hause ankam, liefen mir dicke Tränen die Wangen herunter – keine Tränen der Freude, sondern der Erleichterung, weil eine riesige Last von mir abfiel. Ich wusste, ab jetzt würde alles leichter gehen!

DAS LEBEN RUFT DICH WEITER

Nun war eigentlich beruflich alles perfekt – wäre da nicht dieser innere Ruf nach Veränderung. Ich liebte die Zusammenarbeit mit Karolin. Career Catalyst verzeichnete steigende Umsätze, und wir hatten es geschafft, Hunderten Menschen zu beruflicher Klarheit zu verhelfen, sie auf ihrem Weg zur Erfüllung zu begleiten und dabei unseren eigenen Traum der Selbständigkeit zu verwirklichen.

Während also die Karriereorientierung auf dem Papier zu mir passte, fühlte ich mich eingeengt und sah immer weniger Platz in dem Unternehmen für mich, das ich so hart mit Karolin von der Pike aufgebaut hatte. Ich liebte den persönlichkeitsorientierten Teil der Coachingarbeit: sowohl die Werte und Stärken meiner Klienten aufdecken als auch ihr Selbstbewusstsein transformieren. Aber daraus konkrete Positionen abzuleiten und ihnen zu helfen, sich auf die dazu passenden Stellen zu bewerben, kam immer weniger dem Ruf meines Herzens gleich.

Wie sollte ich anderen helfen, ihre Berufung zu finden, wenn ich meine augenscheinlich selbst noch nicht gefunden hatte? Ich fühlte mich immer mehr wie eine Hochstaplerin, denn es wurde immer deutlicher: Karriereorientierung war nicht meine Berufung!

Meine Angst nahm wieder vermehrt Raum in mir ein: Sollte ich erneut alles hinter mir lassen? Zweieinhalb Jahre Arbeit einfach so wegwerfen? Die Freundschaft mit Karolin aufs Spiel setzen, um am Ende vielleicht alles zu verlieren?

Ich hatte Angst, nie mein perfektes Ding zu finden: erst der gescheiterte Blogversuch, dann Career Catalyst. Meine Journaleinträge kreisten um eine einzige Frage: Würde ich jemals meine Berufung finden?

VERTRAU DEINER INNEREN STIMME

Das Konzept der »Berufung als ein singulärer Traumjob« hatte mich hängenlassen. Ich war desillusioniert und frustriert. Ich hatte so lange nach diesem einen perfekten Job oder Business gesucht, von dem ich sagen konnte, dass es das jetzt sei, dass ich angekommen sei, aber auch zwei Jahre später hatte ich ihn oder es immer noch nicht. Stattdessen eine bunte, abenteuerliche Karriere, in der mich mein innerer Herzensruf von einem Abenteuer zum nächsten rief.

Karolin und ich blieben weiterhin eng befreundet, nachdem ich mich von Career Catalyst gelöst hatte. Und ich baute ein neues, eigenes Coachingbusiness unter Maxineschiffmann.de auf und begleitete fortan Selbständige bei ihrem Persönlichkeits- und Businesswachstum. Zusätzlich gründete ich mit Dirk von YBG und unserem Team die soziale Initiative Soforthelfer.org für Soloselbstständige.

Aus meiner langjährigen Begeisterung fürs Journaling heraus relaunchte ich meinen Podcast und gründete damit Deutschlands ersten Reflexions-Podcast: den *Business-Journal*-Podcast. Aus dem Podcast entwickelte sich ein Journal-Buchkonzept und ich erhielt über eine Reihe glücklicher »Zufälle« einen Buchvertrag mit dem Fischer Verlag. Mehr dazu erzähle ich dir später.

Doch nicht alles lief nach Plan. Wenn du deinen Weg gehst, wirst du merken, dass das Verfolgen deiner Berufung keine Einbahnstraße ist und dass das Leben manchmal andere Pläne für dich haben wird, als du sie für dich visualisiert hattest. So hatte ich ursprünglich geplant, ein Journalbuch für Selbständige zu schreiben – aber nicht zum Thema »Berufung folgen«. Doch meine Intuition führte mich immer wieder dorthin zurück. Nicht einmal, nicht zweimal, sondern dreimal änderte ich das Buchkonzept, bis ich verstand, was das Leben von mir wollte: Es war genau dieses Buch, das du jetzt in den Händen hältst, was von mir geschrieben werden wollte, um dir damit beim Folgen deiner Berufung zur Seite zu stehen.

Während ich dieses Buch schrieb, erkannte ich selbst etwas Magisches, für das ich unendlich dankbar bin:

BeRUFung kommt von Ruf.

All die Jahre hatte ich vergeblich nach meiner Berufung gesucht, dabei hatte ich sie bereits gefunden: nicht in Form eines einzelnen Jobs oder Business, sondern in Form meines inneren Rufs, der mich zu den wertvollen Stationen auf meinem beruflichen Weg geführt hatte. Ich realisierte: Berufung ist kein erreichbares Ziel, sondern ein magischer Weg, auf dem ich gelernt hatte, mir selbst wieder zu vertrauen, mich von den Meinungen anderer zu lösen und mutig meiner eigenen Stimme zu folgen. Und wer weiß, was mich in Zukunft noch alles auf dem Weg meiner Berufung erwarten wird.

Wir alle können unserer Berufung folgen, indem wir lernen, unseren inneren Ruf zu hören – und dieses Buch wird dir dabei helfen. Dabei ist es unwichtig, ob du deiner inneren Stimme in der Vergangenheit misstraut hast oder dir das Wahrnehmen deines inneren Rufs bisher noch schwerfiel. Sei dir jetzt einfach gewiss:

Auch du trägst den Ruf deiner inneren Stimme – deine Berufung – in dir und kannst lernen, ihm mutig und mit Leichtigkeit zu folgen!

Teil 2

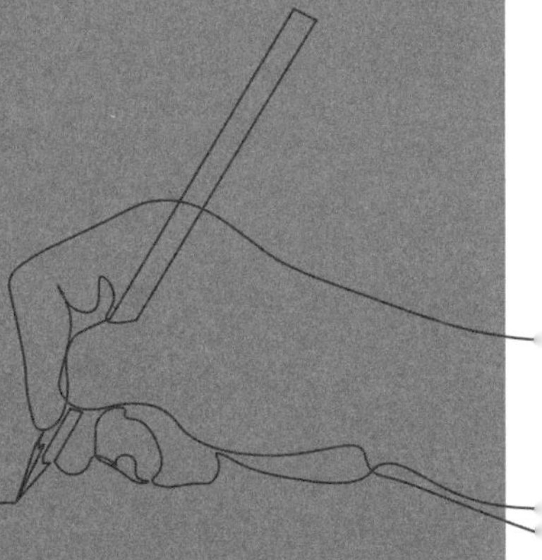

VON DER EIGENEN BERUFUNG & DEM BUSINESS JOURNALING

DIE NEUDEFINITION VON BERUFUNG

Die Definition einer Berufung als lebenslangem Traumjob ist inzwischen unzeitgemäß. Es wird immer Jobs und Aufgabengebiete in unserer modernen Welt geben, die morgen wieder veraltet sind und wegfallen. Neue Felder werden entstehen, neue Jobs entwickelt – es ist also heute Normalität, zwei bis drei Karrierelaufbahnen innerhalb eines Berufslebens zu haben. Auch die Karriereforschung geht nicht mehr vom »Idealberuf auf Lebenszeit« oder von einer »eindeutigen Definition des Karriereerfolgs« aus, so Karolin.[3] Die Illusion von der »einen Berufung« raubt dir die notwendige Flexibilität, neue Karrierechancen zu ergreifen.

Die Jahre 2020/21 haben besonders eindrücklich gezeigt, wie schnelllebig die heutige Welt und der daraus resultierende Arbeitsmarkt sind – wie schnell sich alles ändern kann. Meine Reise hat mir gezeigt, dass wir uns kollektiv von der veralteten Definition von Berufung lösen dürfen, ja, vielleicht sogar müssen:

DIE VERALTETE DEFINITION VON BERUFUNG IST ...	DIE NEUE DEFINITION VON BERUFUNG IST ...
... ein einziger Job/ein Business, für den/das du bestimmt bist, ...	... ein Weg, auf den dich deine innere Stimme führt, ...
... der/das dich auf Autopilot glücklich macht, wenn du ihn/es endlich gefunden hast, ...	... der dir erlaubt, deine Version von Erfüllung zu kreieren und deine Sehnsüchte auszuleben, ...
... den/das du ausfindig machen musst und der dann (hoffentlich) viele Jahre lang zu dir passt.	... der dich täglich führt und sich immer wieder verändern kann.

Du siehst: Deine Berufung ist nicht die *eine Tätigkeit*, der *eine Jobtitel* oder das *eine Traumbusiness*, was du finden musst, um dich erfüllt zu fühlen – stattdessen ist sie der Ruf deiner inneren Stimme!

Aus diesem Grund schlage ich eins gleich zu Anfang vor: Lass uns das Wort »Berufung« durch »inneren Ruf« ersetzen, denn, wie Businesscoach Kristin Woltmann sagt, ein Ruf beinhaltet, dass er sich verändern kann.[4] Entwicklungspsychologisch, erklärt Unternehmensberaterin Svenja Hofert, wird deine Berufung auch durch ein Bedürfnis ausgelöst, das »mit 18 Jahren ganz anders ist als mit 50«.[5]

Lass uns Berufung daher als Weg verstehen, auf den dich wandelbare Bedürfnisse, Sehnsüchte und Wünsche von einer passenden Berufsstation zur nächsten rufen. Vielleicht fühlst du dich beruflich auch in verschiedene Richtungen gleichzeitig »gerufen«. Wäre es nicht fatal, wenn wir alle dazu bestimmt wären, nur eine einzige Sache zu tun, obwohl unser Herz für mehrere Berufsbereiche brennt? Lass die Illusion hinter dir, dass es nur EINE Berufung gibt, für die du bestimmt bist. Das setzt dich nur unnötig unter Druck. Auch Maria Anna Schwarzberg, Autorin und Podcasterin, sagt: »Es gäbe auch andere Berufe, die mich sehr erfüllen würden ...«[6]

Wenn du deine Berufung als Weg siehst, der dich durch verschiedene Wegabschnitte führt, dann kannst du dich ganz auf deinen momentanen inneren Ruf einlassen, der dich an das nächste Ziel führen wird, wo auch immer dieses liegen mag. Dein Inneres kennt den Weg und will dich zu deiner Berufung führen.

Dabei musst du jetzt nicht wissen, wohin genau diese Reise führen soll, sondern deiner inneren Stimme nur mutig folgen. Hätte ich meinen Ruf ignoriert und mich 2019 nicht von Career Catalyst gelöst, dann hätte ich mich niemals aufs Journaling konzentriert, das Leben hätte mich nicht zum Fischer Verlag geführt und du würdest dieses Buch heute nicht in deinen Händen halten. So ist es doch viel besser, oder?

Du hast eine innere Stimme, die dich täglich dazu aufruft, Freude, Erfüllung und Selbstverwirklichung in deinem Leben zu erschaffen.

Das BeRUFungsprinzip: Jede kann ihren Ruf nach Erfüllung hören, und damit ihrer Berufung folgen.

Mein Weg und die Arbeit mit vielen Coachingklientinnen und Seminarteilnehmerinnen hat mich zu dir geführt, damit auch du deinem inneren Ruf nach Erfüllung folgst und dir das BeRUFungsprinzip zunutze machst. Es öffnet dir die Tore zu dem, wonach dein Inneres sich so sehr sehnt: tiefes Vertrauen in dich und deinen Weg. Es wartet eine magische Reise auf dich, und ich kann es kaum erwarten, diese mit dir gemeinsam zu gehen! Teile gerne deine Erkenntnisse mit mir auf Instagram oder LinkedIn und tagge mich: @maxine.schiffmann.

DEINE BERUFUNG IST DEINE MEDIZIN FÜR DIE WELT

Ich fragte meine Podcast-Community, was Berufung für sie bedeutet, und sie antworteten:

»Das zu tun, wofür ich brenne.« – Gesine
»Tun, was man liebt.« – Janette
»Das zu tun, wobei mein Herz aufgeht!« – Rebecca

Vielleicht definierst du das Konzept »Berufung« ganz ähnlich? Ich hatte es ebenso definiert, bis ich erkannte, dass unsere Berufung zwar genau das ist, aber eben auch noch viel mehr: Deine Berufung lädt dich dazu ein, für etwas Größeres zu stehen. Es geht dabei nicht um dich, sondern um das, was du *anderen* ermöglichst. Deine Berufung dreht sich um das, was durch dich wirken will. Es geht um den Raum und die Möglichkeiten, die du für andere durch dein berufliches Tun erschaffst.

Die Native Americans nennen das die »original medicine«. Wir alle tragen eine individuelle Medizin in uns, die die Welt braucht. Mit deiner einzigartigen Kombination von Erfahrung, Wissen, Fähigkeiten und Persönlichkeit kannst du anderen etwas Wertvolles geben, etwas, was niemand sonst der Welt geben kann. Deine Medizin wird gebraucht, niemand ist überflüssig oder gar zufällig hier.[7]

Deine Berufung ist also der Ruf deiner Medizin. Dabei kann sie auf vielfältige Weise ausgedrückt und in die Welt gebracht werden: mit einem Job oder fünf, mit einem Business oder während der Warterei in der Supermarktschlange.

Um unserer Berufung zu folgen, sind wir aufgerufen, unseren egozentrierten Fokus zu erweitern: weg von »Was kann ich von meiner Berufung *bekommen*?« hin zu »Was kann ich der Welt *geben*?«. Vom Ich-Fokus zum Wir-Fokus. Mach dir bewusst, dass es bei all deinem Tun und all deinem Wirken nicht nur um dich geht. Deine Berufung ist nicht nur für dich! Sondern es ist dein Geschenk, um die Welt zu verbessern.

In meiner Coachingberufung geht es nicht um meinen Erfolg, sondern um den Wachstumsraum, den ich meinen Leserinnen, Podcast-Hörerinnen und Coachingklientinnen ermögliche.

»Es ist das kleine Ego, das Großes für sich selbst bewirken will. Dabei agiert es vor allem aus Angst«, so Coach Grit Müller. Sie spricht dabei vom »kleinen Denken«, das uns sagt, »ich brauche Sicherheit, ich brauche Anerkennung, ich brauche Karriere, ich brauche Gehalt auf meinem Konto, ich brauche die Lobby, ich brauche das Ansehen und dass ich meinem Vater, meiner Mutter oder meiner Schwester beweisen kann, dass ich es doch zu etwas gebracht habe«.[8]

WIE DU MIT BUSINESS JOURNALING DEINER BERUFUNG FOLGST

Business Journaling ist das effektivste Tool, um deiner Berufung zu folgen. Bei dieser modernen Form des Tagebuchschreibens geht es darum, dich gezielt beruflich weiterzuentwickeln, indem du dich gezielt auf zwei Aspekte fokussierst:

a. **deine Berufung** (du reflektierst und entwickelst schriftlich deine beruflichen Ideen, Ziele, Visionen, nächsten Schritte und Aufgaben) und

b. **deine Persönlichkeit** (du reflektierst deine Glaubenssätze, Gefühle, Verhaltensweisen und Gewohnheiten).

> **!** **Der berufliche Erfolg verläuft immer proportional zum persönlichen Wachstum.**

Die größte Hürde, der du begegnest und je begegnen wirst, bist du selbst: unterbewusste limitierende Denkweisen, selbstsabotierende Gewohnheiten oder Selbstzweifel sind die wahren Hindernisse. Das liegt daran, dass die meisten von uns nie gelernt haben, auf konstruktive Weise mit sich selbst umzugehen.

Dabei ist es unwichtig, welche berufliche Hürde sich gerade vor dir auftürmt: Die Lösung startet zuerst mit und in dir! Das Business Journaling wird dir dabei helfen, diese Hürden mit mehr Freude und Leichtigkeit zu meistern. Das Schreiben wird dir helfen, deine innere Stimme wieder zu hören und dich selbst auf Papier zu coachen.

Business Journaling ist aktions-, wachstums- und lösungsorientiert. Es betrachtet – anders als klassisches Tagebuchschreiben – nicht nur deine Vergangenheit, sondern auch deine Gegenwart und, natürlich, deine Zukunft. Keine Sorge, das klingt jetzt komplizierter, als es tatsächlich ist, denn du machst das ja nicht allein: Ich führe dich durch alle Reflexionen, und du wirst lernen, Journaling für dich selbst zu nutzen oder deine bestehende Journalingpraxis zu vertiefen.

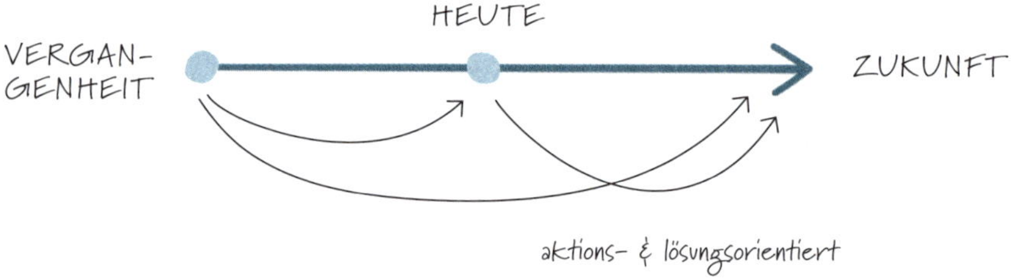

Nichts ist so einfach und gleichzeitig so kraftvoll wie das Verschriftlichen deiner Impulse. Gedanken sind flüchtig und erste Ideen oberflächlich. Im Buch *Playing Big* schreibt Autorin **Tara Mohr**:

» Journaling is a tool for playing bigger because change begins with self-awareness. Writing enables you to figure out what you are really thinking and really feeling. While we can often get into unhelpful rumination or worrying when we simply ponder a topic, when we write about it we move forward in our thinking. New truths emerge after three or five or ten minutes of putting pen to paper. «[9]

Meine *Business-Journal*-Podcast-Hörerinnen sagen übers Journaling:

» Journaling ist für mich ganz klar eine besonders effektive und entspannte Methode, um sich mit sich selber auseinanderzusetzen, seinen Alltag zu strukturieren und so sich selbst näherzukommen. Durch dieses Tool habe ich mich besser kennengelernt und ein Stück weiter selbst gefunden! Denn diese Zeit, in der ich mich mit meinen Gedanken und mit Stift und Notizbuch beschäftige, die gehört nur mir! « – **Franziska**

» Ich kann Journaling empfehlen, weil man viel zu oft in ein Hamsterrad gerät, das einen schon mal vom Wesentlichen ablenkt. Journaling hilft den Blick wieder auf das wirklich Bedeutsame in meinem Leben hinzulenken. « – **Rebecca**

» Journaling hilft mir dabei, meine manchmal wild und zahllos im Kopf durcheinanderschwirrenden Gedanken zu sortieren und wieder zur Ruhe zu bringen. So kann ich wieder klar denken. Es hilft mir dabei, Probleme zu lösen, Entscheidungen zu treffen und zu reflektieren. Ich möchte es nicht mehr missen :). « – **Anna**

Business Journaling war und ist bis heute mein liebstes und meistgenutztes Tool, um meiner Berufung zu folgen. Wo auch immer ich auf der Welt unterwegs war: Mein Notizbuch war immer mein wertvollster und sicherster Begleiter.

Doch Journaling hat nicht nur das Herz meiner Community und meines erobert, sondern auch das Tausender anderer Menschen: von brillanten Denkern wie Einstein,[10] da Vinci[11] oder Goethe[12] bis hin zu Filmstars wie Emma Watson,[13] bekannt durch ihre Rolle als Hermine Granger in der *Harry-Potter*-Filmreihe, oder Jennifer Aniston aus *Friends*.[14] Auch Sportlerinnen wie die fünffache Goldmedaillen-Schwimmerin Katie Ledecky verlassen sich auf ihr Journal, um ihre Fortschritte zu reflektieren.[15]

Auch dir wird Journaling bei den folgenden Punkten konkret helfen:

1. Mehr Klarheit gewinnen – erkennen, was dich beruflich wirklich ruft und was deine tiefsten Bedürfnisse sind.

2. Mehr Selbstbewusstsein aufbauen – deine eigenen Muster erkennen, deiner Stimme zuhören und mit Selbstsicherheit hinter deinen Ideen stehen.

3. Strukturiert vorankommen – Prioritäten setzen, Ziele definieren und mit klarem Fokus und Freude an die Arbeit gehen.

4. Innerliche Stabilität gewinnen – Stress abbauen, deine Emotionen durchs Schreiben regulieren und somit dein allgemeines Wohlbefinden erhöhen.

Journaling darf leicht gehen, Freude bringen und dich regelmäßig unterstützen. Du wirst in diesem Buch vier kraftvolle Journalformate kennen- und hoffentlich lieben lernen: klassische Reflexionsfragen, Satzanfänge, Listen und Mind-Maps. Die Journalsessions in diesem Buch sind sorgfältig so ausgewählt, dass du mit ihrer Hilfe wieder mit deiner inneren Stimme in Kontakt kommst.

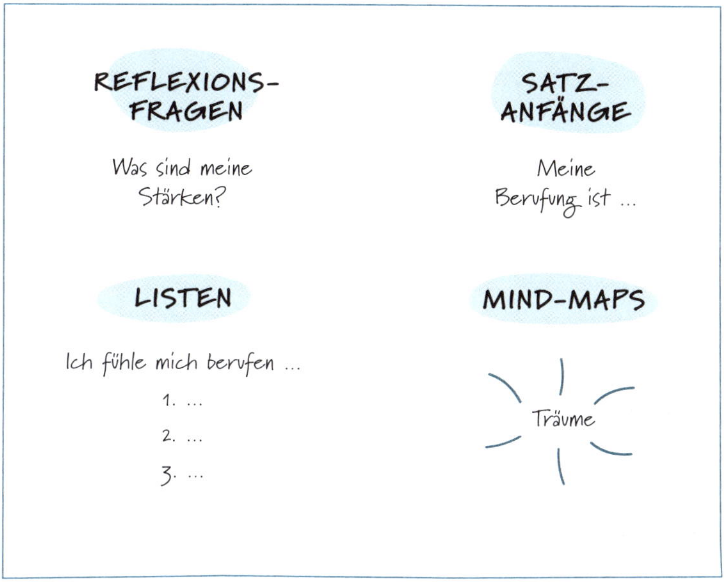

JOURNAL HACK

Schreibe so, wie es dir leicht von der Hand geht – ob kurz oder lang, mit kleinen Zeichnungen oder ohne. Beim Journaling gibt es kein Muss und kein Sollte. Du kannst auf verschiedenste wundervolle Weise reflektieren, um deine Impulse und Ideen auf Papier zu bringen: ausgeschrieben in schönster Prosa oder knackig in kurzen Stichworten.

Eine wertvolle Art ist das sogenannte Rapid Logging, eine Methode des Bullet-Journaling-Erfinders Ryder Caroll. Hier werden Ideen schnell und ohne großen Aufwand zu Papier gebracht: Dafür notierst du dir alle Impulse einfach in kurzen Stichpunkten.[16]

Rapid Logging wird dir helfen, die Ideen, die dir innerhalb des BeRUFungsmodells in den folgenden Kapiteln kommen, direkt schriftlich festzuhalten. Intuitive Impulse sind flüchtig und können erst auf Papier ihre Kraft so richtig entfalten.

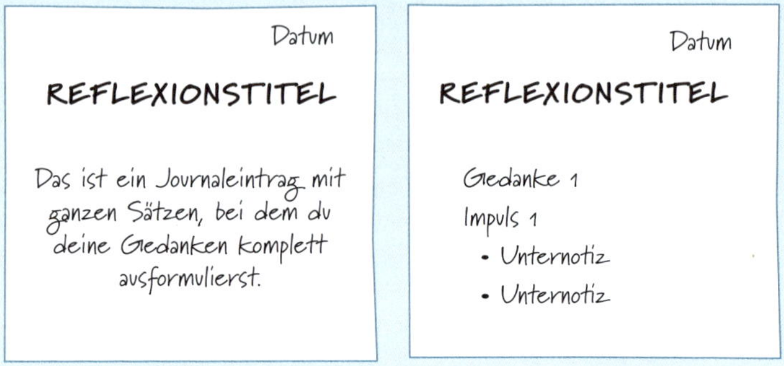

Illustrationsinspiration: Ryder Carroll – Die Bullet-Journal-Methode[17]

Ich war damals an einem ähnlichen Punkt wie du jetzt und war skeptisch, ob das alles funktionieren würde und ich meiner Berufung wirklich folgen könnte. Inzwischen kann ich dir aus tiefstem Herzen versichern: Du kannst lernen, dir und deiner inneren Stimme wieder zu vertrauen. Auch du kannst dir ein erfülltes Berufsleben aufbauen, wenn du bereit bist, die Tools in diesem Buch zu nutzen und dich damit tiefer als je zuvor kennen-, schätzen und führen zu lernen.

Aber aus diesem Grund reicht es eben auch nicht aus, die Reflexionen hier nur durchzulesen oder mental über die Fragen nachzudenken. Erlaube dir stattdessen, die Magie des Journalings in den kommenden Kapiteln eigenhändig zu erfahren, indem du die Reflexionen für dich schriftlich umsetzt.

Es warten viele wertvolle Übungen und Tipps auf dich, um Journaling effektiv für dich und deine Berufung arbeiten zu lassen. Du wirst sehen, wie dich Journaling mit jeder Reflexion mehr und mehr transformiert. Journaling hilft jeder, Klarheit und Selbstsicherheit zu gewinnen und wirksam in die Umsetzung zu kommen.

Teil 3

DAS BERUFUNGSMODELL

SO FOLGST DU DEINER BERUFUNG

Wenn jede diesen inneren Ruf in sich trägt, warum fällt es uns dann so schwer, unserer Berufung zu folgen? Weil wir eine ungeeignete Herangehensweise nutzen: nachdenken, analysieren und daraus logisch ableiten. Und genau das habe ich jahrelang vergeblich versucht, bis ich eines Tages lernen durfte:

> **!** **Du findest deine Berufung nicht mit dem rationalen Verstand.**

Albert Einstein sagte: »Der intuitive Geist ist ein heiliges Geschenk und der rationale Geist ein treuer Diener. Wir haben eine Gesellschaft erschaffen, die den Diener ehrt und das Geschenk vergessen hat.«[18]

Es liegt also nicht nur an dir, wenn du vergeblich versucht hast, über Analyse und Logik deine Berufung zu finden, denn für die meisten Menschen hier im Westen ist der Verstand die Go-to-Adresse für alle Fragen. Ich schrieb während meines Studiums in mein Journal:

> **»Lieber Verstand, wenn ich unsicher bin, was der nächste Schritt ist, dann konsultiere ich dich, als wärst du mein bester Berater. Aber ich merke immer wieder, das bist du nicht. Du bist schnell zur Stelle, immer mit logischer Antwort bestückt, und ich danke dir dafür. Täglich höre ich deinen vielen Geschichten zu, als wären sie meine einzige Wahrheit, aber vergesse dabei, dass es noch andere Teile in mir gibt, die mir den Weg weisen wollen.«**

Überlasse dem Verstand nicht den Thron der Wahrheit – er ist nicht der König, für den du ihn gehalten hast. Gib ihm nicht das Steuer in die Hand und lass dich vor allem nicht unreflektiert von ihm führen. Dein Verstand ist wunderbar und wichtig, aber nicht für alle Wegabschnitte und Entscheidungen der passende Ansprechpartner!

Du kannst deine Berufung nicht mit dem Verstand ergründen, sondern nur mit deiner inneren Stimme. Dafür braucht es einen anderen Zugang, den viele schlicht verlernt haben, aber schnell wieder erlernen können: die eigene Intuition.

Sie führt dich auf zwei Arten zu deiner Berufung:

#1: Deine Intuition ist der Wegweiser zu deiner Berufung.
Deine Intuition ist die leise Stimme – oder vielleicht auch nur ein subtiles Gefühl – in dir, die täglich mit dir spricht und dir eine grobe berufliche Richtung zeigen kann. Vielleicht sagt sie so etwas wie »Ich möchte mit Tieren arbeiten« oder, wie es bei mir der Fall war, »Meine Berufung ist die Persönlichkeitsentwicklung«.

In den folgenden Kapiteln führe ich dich im BeRUFungsmodell schrittweise durch sieben verschiedene innere Rufe. Dabei wirst du intuitiv für dich herausfinden, welcher Ruf von dir erhört werden will.

#2: Deine Intuition signalisiert dir die passenden Entscheidungen.
Das Leben unterstützt dich auf deinem Weg mit Hilfe zufälliger Chancen und Möglichkeiten, wenn du offen bist, hinschaust und sie entdeckst. Deine Berufung muss also nicht zwangsläufig aus dir selbst kommen, sondern kann von außen durch »Zufälle« an dich herangetragen werden. Deine Intuition hilft dir, festzustellen, welche der an dich herangetragenen Möglichkeiten von dir genutzt werden will und zu welchen du dankend nein sagen darfst.

Im Podcast-Interview teilte Grafikdesignerin Marietheres Viehler mit mir, dass auch sie intuitiv ihrer Berufung gefolgt sei: Nach dem Architekturstudium verspürte sie den Impuls, ihre eigenen Bullet-Journal-Designs auf YouTube und Instagram mit ihren Followerinnen zu teilen – deren Zahl wuchs so schließlich auf Instagram auf über 100.000 an. Daraus wurde außerdem ein Journal-Onlineshop und ein publizierter Bullet-Journal-Ratgeber. Als sie irgendwann merkte, dass die Zeit nun für etwas Neues reif sei, verließ sie die Welt der Influencer und ließ sich von ihrer Intuition zu einer Position als angestellte Grafik- und Produktdesignerin führen: »Der Weg findet einen«, sagt sie und: »Es ergibt sich alles so.« Heute ist sie erneut selbständig – und wer weiß, was sie noch alles in den nächsten Jahren auf ihrer Berufungsreise erwarten wird.[19] Marietheres' Geschichte, wie auch meine eigene, zeigt, wie uns das Leben mit Jobmöglichkeiten und Businesschancen beschenkt. Lass' dich also von deiner Intuition führen!

DAS ZUSAMMENSPIEL VON INTUITION UND VERSTAND

Auf dem Weg zu deiner Berufung musst du aber den Verstand nicht loswerden. Er ist nicht der Feind, den du bezwingen musst – ganz im Gegenteil: Es braucht das Zusammenspiel aus Intuition und Verstand.

Intuitive Rufe sind nicht immer klar oder vollständig, deswegen geben sie dir zunächst eine grobe Orientierung an die Hand. Zusätzlich können dir dein Sachverstand und deine Logik helfen, um berufliche Optionen und Umsetzungsschritte abzuleiten, die du dann innerlich mit deiner Intuition auf ihre Stimmigkeit abgleichen kannst.

Dein Verstand ist nicht für Gefühle zuständig und deine Intuition nicht für logische Umsetzungsschritte oder Berufsoptionen.

»Über deine Gefühle und deine Intuition kannst du herausfinden, was dich bewegt«, so mein Vater Golo Schiffmann. »Dann hilft dir dein Verstand dabei, die richtigen Wege und Lösungen zu finden.«

Du kannst dir die passende Berufsrichtung nicht *erdenken*, sondern nur er*fühlen*. Doch ohne Sachverstand kommst du auf deinem Weg auch nicht voran. Es ist das Wechselspiel aus beidem, also aus Verstand und Intuition, das dir erlaubt, eine erfüllte Karriere zu erschaffen. Und genau dabei werde ich dir mit jedem Kapitel zur Seite stehen.

EXPERIMENT ZUM FOKUS:

Lass uns in einem kurzen Experiment feststellen, wo dein *antrainierter* Fokus liegt (beachte hier die Betonung auf »antrainiert«!). Stell dir bitte kurz die folgende Frage und beobachte, wo deine Aufmerksamkeit *zuerst* hingeht:

»WIE GEHT ES MIR GERADE?«

Nimmst du zuerst deine Gedanken und die Energie in deinem Kopf wahr? Oder geht deine Aufmerksamkeit direkt in deinen Körper und ins Fühlen? Vielleicht auf deinen Bauch- oder Herzbereich? Wenn deine Energie im Kopfbereich zu deinen Gedanken fließt, bist du mehr auf deinen Verstand fokussiert und befragst eher diesen; wenn deine Aufmerksamkeit mehr auf deinen Gefühlen und Körperreaktionen liegt, bist du offener für intuitive Antworten.

Wie sieht es mit folgender Frage aus:

»WOHIN GEHT MEIN NÄCHSTER BERUFLICHER SCHRITT?«

Liegt dein Fokus auf dem Verstand, so wirst du über die Frage *nachdenken*, um eine Antwort zu finden; ist dein Fokus auf dem Körper, so *fühlst* du in dich hinein. Dieser Körperfokus hilft dir, deine Intuition wieder lauter wahrzunehmen.

Das Schöne dabei ist: Dein Fokus ist eine reine Trainings- und Gewohnheitssache. Mit etwas Übung kannst auch du den Fokus wieder auf deinen Körper und deine innere Stimme lenken. Versuche, mit deinem Fokus in den kommenden Journalübungen zu experimentieren.

ÖFFNE DICH FÜR DEINEN RUF

Du trägst alle Antworten für den nächsten Schritt bereits in dir. Ein Teil in dir weiß bereits, wozu er berufen ist. Der weiß, was er will und welche Potenziale in ihm stecken. Es ist der Teil in dir, der dir schon immer anscheinend versteckte Signale und Hinweise geschickt hat. Auch wenn du gerade daran zweifelst: Auch du hast diesen Teil in dir! Manche nennen ihn die Seele, andere das *höhere Selbst* und wiederum andere das *wahre Sein* oder einfach dein *Herz*.

Du wirst deine innere Stimme, deine Intuition, auf verschiedene Weisen wahrnehmen: Dein innerer Ruf kann beispielsweise als Gefühl, als Bild oder Vision erscheinen.

Eine meiner Lieblingsautorinnen, Rebecca Campbell, lehrt, dass die Intuition über den Körper mit uns kommuniziert: primär über das Hören, Sehen und Fühlen. Jede erlebt diese intuitiven Rufe auf ihre ganz eigene Weise.[20] Ich erlebe meine Intuition meist auf Gefühlsebene, beispielsweise wenn ich mich frage: »Was ist meine Berufung?« Dann bekomme ich primär ein Gefühl in meinem Körper als Antwort. Die Intuition der amerikanischen Ärztin Lissa Rankin spricht besonders in Bildern und Visionen mit ihr: Das Gesundheitsmodell in ihrem *New-York-Times*-Bestseller *Mind over Medicine* erschien ihr eines Tages als klares Bild vor ihrem inneren Auge.[21]

Das heißt aber nicht, dass du jetzt schon wissen musst, was dein »Kanal« ist. Vielmehr möchte ich dich darauf hinweisen, ab jetzt dabei achtsam zu sein, was du erlebst und wahrnimmst. Alles ist wichtig und verdient, bei den kommenden Journalsessions im BeRUFungsmodell ungefiltert aufgeschrieben zu werden.

DIE RUF-FRAGETECHNIK

Um deine innere Stimme wieder klarer und lauter zu hören, möchte ich dir die RUF-Fragetechnik an die Hand geben. Anstatt also nur deinen Verstand nach Antworten zu fragen, lädt dich deine Berufung dazu ein, deine Intuition zu befragen. Dafür musst du nach innen gehen, still und achtsam werden.

Anstatt von nun an über Antworten nachzudenken, übe, sie zu empfangen. Formuliere Fragen, als würdest du sie einer anderen Person stellen, und stelle dich innerlich auf Empfangen ein. Stell dir dafür vor, du stellst deiner besten Freundin eine spannende Frage und gibst ihr den Raum, um dir zu antworten.

Was sagt mein(e) Gefühl/Intuition/Herz/höheres Selbst zu ... ?

Beginne, dir selbst zuzuhören – ohne Anspruch auf eine klare oder prompte Antwort. Gib dem wissenden Teil in dir Zeit, um in Ruhe zu antworten. Manchmal kommt eine Antwort sofort, manchmal dauert sie länger, und ab und zu bekommst du keine, weil es noch keine passende gibt bzw. ihre Zeit noch nicht gekommen ist.

Notiere dir alle eintreffenden Impulse ungefiltert in kurzen Stichworten oder Halbsätzen. Du musst beim Journaling einfach nur wertfrei aufschreiben, was sich in dir zeigt: Dies kann ein Wort oder ein Satz sein, ein Bild oder auch eine Körperempfindung. Wie gesagt: Manchmal kommen auch keine Antworten, wie das in der Kommunikation mit anderen Menschen auch vorkommt. Lass dich davon also nicht unter Druck setzen.

Dabei ist außerdem wichtig, dass du nicht hinterfragst, ob dein Verstand oder deine Intuition geantwortet hat. Vertrau darauf, dass du mit dieser Fragetechnik vermehrt deinen inneren Ruf und deine innere Stimme hören wirst – auch wenn du jetzt noch nicht ganz genau weißt, wie genau diese klingt und ob das funktioniert.

TROUBLESHOOTING: »GEHT DAS WIRKLICH?« – »SCHAFFE ICH DAS?«

Wenn dir ein solcher Gedanken gerade durch den Kopf geht, dann: herzlichen Glückwunsch. Genau das ist der Verstand, der gerne dazwischenfunkt und die Kontrolle nicht verlieren möchte. Viele von uns wurden lange darauf gepolt, zu denken, zu analysieren und zu planen, anstatt still zu werden, zu fühlen und innere Antworten zu empfangen. Übe dich darin, und du wirst mit jedem Mal deinen inneren Ruf wieder lauter und klarer hören.
Vielleicht wird es dir wie mir damals gehen, und die Antworten deiner Intuition ergeben (noch) keinen Sinn. Das ist okay, denn das mentale Verständnis ist wieder die Komponente des Verstandes, der intellektuell das Erfahrene ergründen will.

Mantra: Ich bin genau auf dem richtigen Weg, die für mich passenden Antworten zu empfangen. Ich öffne mich für all das, was in mir ruft.

BEGEGNE DIR LIEBEVOLL, NEUGIERIG UND EHRLICH

Bevor wir einsteigen: Einer der wichtigen Aspekte beim Verfolgen deiner Berufung und beim Journaling ist deine Herangehensweise. Aber welche ist die passende?

1. Sei liebevoll und mitfühlend. Zieh dich mit deinen Worten nicht in einen Sumpf der Selbstkritik. Sprich mit dir, wie du mit deiner besten Freundin sprechen würdest – sowohl in deinem mentalen Selbstdialog als auch auf dem Papier. Übe, dir gegenüber bewusst wohlwollend zu sein und ebenso wohlwollend deine Gedanken, Gefühle und dein Verhalten zu reflektieren. Weder Anklage noch Selbstkritik bringen dich weiter.

2. Sei neugierig. Sei wie eine Wissenschaftlerin, die jede ihrer Entdeckungen wertschätzt, anstatt sie abzuwerten. Jeder neue Aspekt kann das fehlende Puzzleteil für deine Berufung sein, jedes Sabotagemuster, das du aufdeckst, bringt dich einen großen Schritt weiter.

3. Sei ehrlich. Die Journalingimpulse in diesem Buch werden dir helfen, dich besser als je zuvor kennenzulernen sowie deine konstruktiven und weniger konstruktiven Intentionen, Persönlichkeitsmuster und Gedankenabfolgen sowie Glaubenssätze aufzudecken. Unser Instinkt kann uns dazu verleiten, wertvolle Ideen und Träume wegzudrücken oder sie uns auszureden. Nutze dieses Buch und dein Journal als Orte der liebevollen Ehrlichkeit. Du wirst sehen, welche Wandlungsprozesse daraus entstehen werden.

JEDER WEGWEISER BRINGT EIN STÜCK KLARHEIT

In meiner Coachingarbeit habe ich im Laufe der letzten Jahre sieben RUF-Arten identifiziert, die dir die Berufsrichtung weisen können. Diese habe ich im BeRUFungsmodell in kleinen Kapiteln für dich zusammengefasst.

Deine Berufung zeigt sich im Prozess: Wie bei einem Puzzle, dessen finales Bild du während des Legens nur erahnen kannst, so ergibt sich der für dich stimmige Weg, wenn du die Teile voller Vertrauen Stück für Stück zusammensetzt.

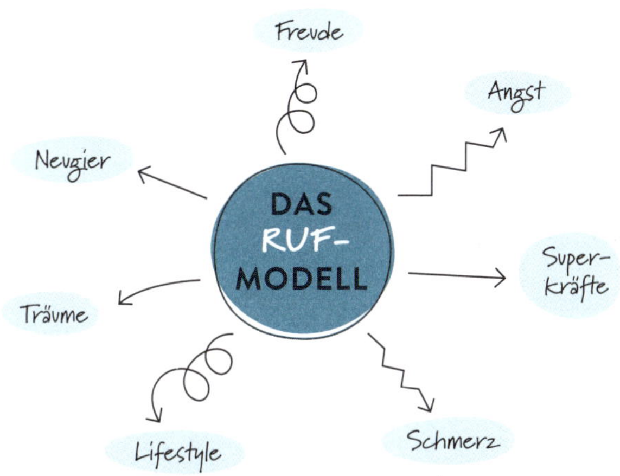

Der Apple-Gründer **Steve Jobs** sagte einst:

» [...] you can't connect the dots looking forward; you can only connect them looking backward. So you have to trust that the dots will somehow connect in your future. You have to trust in something – your gut, destiny, life, karma, whatever. « [22]

Alles fügt sich in der Retrospektive. Dein zukünftiger Weg muss also zu keinem Zeitpunkt deiner Reise klar sein. Das ist die Magie der Berufung: Du findest den Weg im Gehen. Deiner Berufung zu folgen, ist keine einmalige Entscheidung, sondern eine täglich neu getroffene. Mit jeder anscheinend noch so kleinen Entscheidung kannst du deinen inneren Rufen folgen oder dich davon – und damit von dir selbst – entfernen.

Jeder der folgenden Rufe ist ein wichtiger Wegweiser für deine berufliche Erfüllung – ergänze, was du bereits weißt, erarbeite, was neu für dich ist, und nimm liebevoll das an, was geklärt oder geheilt werden will. Letzteres zeigt sich oft als innerer Widerstand, den du vielleicht bei einer Übung empfindest. Heiße ihn willkommen, denn er ist dein Weg zu persönlichem Wachstum.

Andere Reflexionen wiederum werden dir leichtfallen und dir aufzeigen, was bereits klar und präsent in dir ist. Genieße die Reise zu den sieben Rufen, in der du dich noch mehr kennen- und schätzen lernen wirst.

LASS DAS JOURNALING BEGINNEN

Für jeden der sieben Rufe erwartet dich zum Abschluss des Kapitels eine ausgewählte, kurze Journalsession, um deine eigenen Antworten zu finden und diese zu Papier zu bringen.

Nutze Stichpunkte, um deine Impulse festzuhalten. Halte dabei gerne den Anspruch an dich und das Geschriebene möglichst gering – es gibt keine falschen Antworten!

Experimentiere neben geschriebenen Wörtern auch gerne mit visuellen Notizen, sogenannten Sketchnotes. Das können simple Zeichnungen, schnelle Icons oder Symbole sein. Das macht nicht nur viel Freude, sondern ist auch sinnig, denn dein Gehirn nimmt Bilder bis zu 60.000-mal schneller wahr als Wörter. Kleine Zeichnungen brauchen kein Talent, sondern nur den Mut, sich auszuprobieren.[23] Meine Zeichnungen sind grauenvoll, aber machen meine Journalerfahrung freudvoller und dadurch effektiver. Gib' dir auf den kommenden Seiten Raum zum Experimentieren und Ausprobieren.

RUF#1: FOLGE DEINER FREUDE

Ich war jahrelang so besessen davon, endlich meine Berufung zu finden und beruflich voranzukommen, dass ich mir kaum ein Gefühl der Freude gestattete. In starrer Ernsthaftigkeit kreiste mein Kopf in Dauerschleife um die Frage »Was soll ich nur beruflich machen?«, anstatt mich zu fragen »Was bringt mir Freude?«. Deine Freude ist der erste von sieben Rufen. Sie kann dir zu jedem Zeitpunkt, bei großen und kleinen beruflichen Entscheidungen, den Weg weisen.

Falls du dir gerade eine dieser Fragen stellst:

- Was soll ich mit meinem Leben machen?
- Bin ich auf dem richtigen Pfad?
- Was kann ich Sinnvolles mit meinen Fähigkeiten tun?
- Was sollte ich als Nächstes beruflich umsetzen?

Dann sei dir bewusst: Dies sind die falschen Fragen!
Frage dich stattdessen:

- Was bringt mir Freude?
- Wobei geht mein Herz auf?
- Wozu fühle ich mich gerade aufgerufen?

Erlaube dir zu fühlen, wo tiefe Freude entsteht: Bei welchen Aktivitäten, bei welchen Themen oder mit welchen Menschen oder Lebewesen spürst du die dir innewohnende Freude?

Mein Coach Grit Müller sprach mit mir im Podcast-Interview[24] über die Rolle der Freude bei deiner Bestimmung:

> **»Du siehst die Bestimmung immer dann, wenn du in deiner Freude bist. Das heißt aber nicht, dass Bestimmung dich nur tun lässt, was immer bloß leicht ist und Spaß macht – sondern, dass du dafür auch hart arbeitest.«**

Autorin und spiritueller Coach Rebecca Campbell hat so ihre Berufung gefunden: Als sie nach harten Schicksalsschlägen schluchzend auf die Knie fiel und um Führung bat, erhielt sie eine klare Botschaft: »Follow what lights you up.« Sie zückte also ihr Journal und schrieb alles auf, was sie zum Leuchten brachte. Ganz oben auf der Liste: Blumen.

Auch wenn sie nicht genau wusste, was sie mit dieser Idee anfangen sollte, und zu Anfang skeptisch war, vertraute sie diesem Ruf. Sie hatte nichts mehr zu verlieren und wusste, dass Intuition auf rationaler Ebene oft keinen Sinn ergibt. Sie folgte ihrer Freude an Blumen, entdeckte so den Londoner Rosengarten und vernahm dort vermehrt ihre innere Stimme. Die aufsteigende Freude und die daraus resultierenden Impulse schrieb sie auf und teilte diese dann auf Instagram.

Später wurden aus genau diesen Impulsen die Kapitel ihres ersten Buchs *Dein Licht steht dir gut.*[25] Mittlerweile ist sie dreifache Buchautorin, wurde sowohl für die *Vogue* als auch die *Sunday Times* interviewt und wurde von der spirituellen Bewegung Brahma Kumaris als eine der »Top 100 Women of Spirit« ausgezeichnet. Ihre Bücher und ihr »Work Your Light«-Kurs waren eine der großen Inspirationsquellen für dieses Buch und ein weiteres wichtiges Puzzleteil für meine Berufung.

Für sie kam alles ins Rollen, als sie auf ihre Freude hörte und ihr folgte, als sie begann, dem zu vertrauen, was sie innerlich zum Leuchten brachte.[26] Auch du kannst deiner Berufung folgen, indem du deine persönlichen Freudenquellen in der folgenden Journalsession herausarbeitest.

BUSINESS JOURNALING

Beantworte die folgenden Reflexionsfragen in kurzen Stichpunkten oder Halbsätzen. Notiere dir ungefiltert alle aufkommenden Impulse, ohne sie zu hinterfragen. Dabei kannst du nichts falsch machen, aber lege bitte sofort los.

WAS SIND ZEHN SACHEN, DIE MIR FREUDE BEREITEN – PRIVAT UND BERUFLICH?

Notiere alles, was dir spontan einfällt.

WAS HAT MIR IN DER VERGANGENHEIT GROSSE FREUDE GEBRACHT?

Zum Beispiel in meiner Kindheit und Jugendzeit.

WENN ICH AN BERUFLICHE TÄTIGKEITEN ODER AN HOBBYS UND FREIZEITAKTIVITÄTEN DENKE, WELCHE TÄTIGKEITEN LASSEN HEUTE LEBENSFREUDE IN MIR AUFSPRUDELN?

Notiere dir alle Verben, die dir in den Sinn kommen.

RUF #2: LASS DIE ANGST DIR DEN WEG WEISEN

Deine Berufung ist der Weg zu deinen größten Potenzialen, und das bedeutet immer, dass du deine Komfortzone verlassen musst. Dabei spielt Angst eine bedeutende Rolle:

+ die Angst, nicht gut genug zu sein,
+ die Angst, zu versagen, und
+ die Angst, ausgelacht zu werden,

aber auch die Angst vor der eigenen Größe und der Veränderung.

Wir Menschen tendieren dazu, am unangenehmen Bekannten festzuhalten, anstatt das neue, potenziell Wunderbare anzusteuern. Deswegen brauchst du Mut, um für deine Erfüllung einzustehen und aktiv voranzuschreiten, auch wenn

- du dir unsicher bist, was die richtige Entscheidung ist ...
- dir unklar ist, welches nächste Projekt das Richtige für dich wäre ...
- du dich fragst, was wirklich deine Berufung ist ...

Reflektiere: Was macht dir am meisten Angst?

Die spirituelle Lehrerin **Laura Malina Seiler** fasst es so zusammen:

»Du weißt, du hast deine Berufung gefunden, wenn du am liebsten weglaufen würdest, weil du so große Angst vor deinem nächsten Schritt hast.«[27]

Nicht immer ist deine Angst auch klar als solche zu erkennen, sondern oft versteckt sie sich unter einem Mantel des Widerstands: Gedanken wie »Ich kann das nicht«, »Ich will das nicht« oder »Wenn es das Richtige wäre, würde es sich gut anfühlen« geben dir wertvolle Hinweise darauf, dass hier Angst im Spiel ist.

Mein größter Widerstand war – und ist es bis heute – das öffentliche Sprechen vor Menschengruppen. Alles deutete darauf hin, dass dies das Letzte war, was ich je beruflich machen würde: In meiner Kindheit hatte ich immer gesagt bekommen, ich sollte »den Mund aufmachen«, um verstanden zu werden. Im Studium hasste ich es, vor dem gesamten Kurs zu reden. Als ich mich dann endlich, während einer Gründer-Challenge, auf die Bühne traute, wurde mir gesagt: »Wow, wie mutig, dass du dich trotz deines Sprachfehlers zu sprechen traust.« Und das nur, weil meine Sprachmelodie aufgrund der jahrelangen Englandaufenthalte leicht verändert war und Zischlaute mir manchmal Schwierigkeiten bereiteten.

Ich war am Boden zerstört. Auch später, in den ersten Jahren meiner Selbständigkeit war das Vor-Menschen-Sprechen ein notwendiges Übel. Bei Vorträgen auf Jobmessen hätte ich damals

Karolin am liebsten die Bühne überlassen, um dezent im Hintergrund bleiben zu können. Bei Videodrehs wäre ich vor Scham am liebsten im Erdboden versunken, und niemals hätte ich mich aus Spaß an der Freude sprechend in der Öffentlichkeit gezeigt. Ich hatte eine unglaubliche Angst davor. Dennoch fielen mir immer wieder Hinweise auf, dass Sprechen ein essenzieller Teil meiner Berufung sein musste:

+ Ich stellte fest, dass mir die besten Ideen kamen, wenn ich sie laut aussprach.

+ Mir waren Sprach- statt Textnachrichten schon immer lieber, und ich telefonierte eher, statt eine E-Mail zu schreiben.

+ Und ich verspürte den Impuls, einen Podcast zu starten.

Immer wieder bekam ich innerlich den Ruf zum Sprechen, obwohl ich eine dermaßen große Angst davor hatte und bis heute (!) einen innerlichen Widerstand verspüre, wenn ich öffentlich sprechen soll.

Oft interpretieren wir Widerstände als intuitives Nein, obwohl wir einfach nur Angst vor etwas haben. Um zwischen Angst und Intuition zu unterscheiden, kannst du dir eine simple Frage stellen:

Wenn du dir vorstellt, ein Vorhaben umzusetzen, dann fühle in dich hinein: Weitet sich dein Brustbereich innerlich, oder hast du das Gefühl, dass sich alles in dir zusammenzieht?

Was dich innerlich weiter werden lässt, signalisiert dir ein Ja.

+ Tue es. Hier steckt Angst hinter deinem Widerstand. Folge der Angst und nutze sie als Wachstumschance.

Es lohnt sich, deinen Ängsten zu folgen und über sie hinauszuwachsen – was natürlich nicht heißen soll, dass du so weit gehen musst, waghalsig oder gefährlich zu agieren. Aber deine Angst zeigt dir auch, was sich alles noch in deinem Potenzial versteckt und wohin dich dein nächster Berufsschritt führen könnte. Du hast so viel mehr zu geben, als du es gerade weißt!

BUSINESS JOURNALING

AUF EINER SKALA VON 1 BIS 5: WIE SEHR BEFINDET SICH MEINE JETZIGE TÄTIGKEIT IN MEINER KOMFORTZONE?

1	2	3	4	5

ICH STELLE MIR VOR, ICH WÜRDE BERUFLICH EINE ANDERE AUFGABE MACHEN ODER EINE ANDERE ROLLE ÜBERNEHMEN, WAS WÜRDE MICH REIZEN, ABER AUCH NERVÖS MACHEN?

WELCHE BERUFLICHEN VORBILDER HABE ICH, VON DENEN ICH DENKE: »WOW, DIESER BERUF/DIESES BUSINESS WÄRE AUFREGEND!«

RUF #3: FOLGE DEINEN SUPERKRÄFTEN

Deine Persönlichkeit ist so individuell wie dein Fingerabdruck. Vielleicht bist du besonders neugierig, wissbegierig oder aber besonders strukturiert, zukunftsdenkend oder harmoniebedürftig. Es ist deine besondere Kombination aus Fähigkeiten, Erfahrungen und Eigenschaften, die dich einzigartig macht.

Ich fragte Podcasterin Maria Anna Schwarzberg, was berufliche Erfüllung sei, und sie antwortete: »Deine persönlichen Eigenschaften als Stärken auszuleben.« Sie hatte ihren Beamtenjob an den Nagel gehängt, nachdem sie mit 25 ein Burnout in die Knie zwang, war danach einige Zeit als selbständige Fotografin unterwegs und war dann dem Ruf gefolgt, ihren eigenen Podcast zu starten, um ihrer sensiblen Seite Ausdruck zu verleihen. Mit ihrer jetzigen Arbeit setzt sie ihre persönlichen Eigenschaften positiv ein und macht damit einen Unterschied für andere: Sie nutzt ihre Superkraft der Feinfühligkeit, um andere für ihre eigene Hochsensibilität zu begeistern.

Beruflich erfüllt zu sein, bedeutet,
so zu sein, wie du wirklich bist.
Und deine Superkräfte zeigen dir den Weg dorthin.

!

An dieser Stelle gibt es einen wichtigen Punkt, den ich dir mitgeben möchte: Sozialisiert in einer Gesellschaft, in der die Mentalität von »harter Arbeit« und »ohne Fleiß, kein Preis« stark ausgeprägt ist, verkennen viele von uns ihre Superkräfte.

Wenn du dir berufliche Leichtigkeit wünschst, dann werte nicht das ab, was dir leichtfällt. Deine Superkräfte umfassen die Tätigkeiten, die du ohne große Mühen tust und die daher für dich ganz »normal« und »alltäglich« wirken – für andere jedoch, die diese Superkräfte nicht besitzen, sind sie das größte Geschenk. Du bist wie keine andere, und genau das ist deine Superkraft!

Wir werden täglich mit Botschaften bombardiert, die uns suggerieren sollen, dass wir anders sein sollten, als wir es sind, um erst dann wertvoll zu sein. Sei es schöner durch diese und jene Creme. Attraktiver durch diese oder jene Marke. Auch die Branche der Persönlichkeitsentwicklung verleitet uns dazu, in die Selbstoptimierungsfalle zu gehen, in dem Irrglauben, die eigenen Unzulänglichkeiten müssten eliminiert werden.

Aber deine Superkraft ist die Summe deiner angeborenen Talente und entwickelten Stärken. Es ist die Gesamtheit deiner Anteile, Qualitäten und Fähigkeiten, die dich besonders und wertvoll macht. Denke hierbei an deine Vorbilder: Haben sie Qualitäten und Fähigkeiten, die du gerne hättest? Was, wenn das, was du bewunderst, für sie vielleicht auch »nichts Besonderes« wäre? Stell dir vor, sie hätten sich kleingemacht, versteckt und sich gewünscht, sie wären anders, als sie es sind. Beginne, deine Superkräfte zu würdigen. Du bist kraftvoller, weiser und stärker, als du denkst! Du hast Talente und Stärken, die dich dazu aufrufen, sie zu nutzen!

Deine Superkräfte zeigen sich auch in deinen individuellen Bedürfnissen: deinem Bedürfnis nach Ordnung (oder Chaos), dem Drang, anderen zu helfen, dem Impuls, sich mitzuteilen (oder doch lieber zuzuhören), oder dem Drang, neue Menschen kennenzulernen.

Neben offensichtlichen Superkräften sind auch deine Schwächen Quellen deiner Magie, die oft nur einen anderen Umgang oder das passende Umfeld brauchen, um dir zu helfen. Superkräfte sind »immer die Übertreibung von etwas Normalem«, so Karriereberaterin Svenja Hofert.[28] Das bedeutet, deine Superkräfte stecken auch in den Aspekten, die du oder andere als »zu viel« oder »zu stark« deklarieren.

Maria Anna Schwarzberg verriet mir im Podcast-Interview, dass sie lange Zeit dachte, sie sei zu sprunghaft, weil sie Sachen nicht »immer gleich und immer wieder machen« wollte. Als sie erkannte, dass sie das gar nicht musste, konnte sie ihre Superkraft der Vielfältigkeit positiv einsetzen, anstatt dagegen anzukämpfen.[29] Ich selbst sah meine Feinfühligkeit früher als größte Schwäche, mit der ich nicht gut umgehen konnte. Heute weiß ich, dass mein feines Gespür und mein tiefes Empfinden ein wertvoller Schatz für meine Coachingarbeit sind.

Wenn du als »Neudenkerin« in einem traditionell orientierten Unternehmen arbeitest, wundere dich nicht, wenn du aneckst. Wenn es in einem Job nicht klappt, so liegt das oft daran, dass wir in der falschen Umgebung sind – oder wie der Arzt und Komiker Eckart von Hirschhausen es treffend umschreibt: »Wenn ich ein Pinguin bin und in der Wüste mich aufhalte, dann liegt es nicht an mir, wenn es nicht flutscht.«[30]

!

Wenn das Umfeld zu deinen Talenten passt, dann werden aus vermeintlichen Schwächen Superkräfte.

Für deine Superkräfte musst du dich weder endlos anstrengen noch hart arbeiten. Genau das ist es, was mit »deine persönlichen Eigenschaften als Stärken ausleben« gemeint ist. Entwickle also dein Selbstbewusstsein und werde dir deiner Gaben bewusst. Erkenne deine Superkräfte und lass dir von ihnen beruflich den Weg weisen!

BUSINESS JOURNALING

Notiere alles, was dir spontan in den Sinn kommt, nimm dir aber auch die Zeit, um die Fragen in Ruhe zu beantworten. Du kannst auch Freunde, Kolleginnen oder Familienmitglieder nach deinen Superkräften fragen.

WAS FÄLLT MIR GENERELL LEICHT UND LIEGT MIR IN DEN GENEN?

Beruflich wie privat!

WOFÜR HABE ICH IN DER VERGANGENHEIT KOMPLIMENTE UND POSITIVES FEEDBACK ERHALTEN? WELCHE ASPEKTE FALLEN ANDEREN POSITIV AN MIR AUF?

WELCHE DENK-, FÜHL- UND VERHALTENSWEISEN SIND IN MIR STÄRKER AUSGEPRÄGT ALS BEI ANDEREN?

WAS SIND TYPISCHE EIGENSCHAFTEN VON MIR, DIE ANDEREN HELFEN?

WELCHE MEINER SOGENANNTEN SCHWÄCHEN KÖNNTE IN EINEM ANDEREN UMFELD ETWAS GUTES SEIN?

NENNE DREI SITUATIONEN, IN DENEN DIESE SCHWÄCHE EINEN POSITIVEN UNTERSCHIED FÜR ANDERE MACHEN WÜRDE:

FINDE FÜNF VERBEN, DIE DEINE SUPERKRÄFTE BESCHREIBEN.

Wie »Ideen generieren« oder »mich in andere hineinfühlen«.

ZUSAMMENGEFASST: MEINE SUPERKRÄFTE SIND UNTER ANDEREM …

RUF #4: NUTZE DEINEN SCHMERZ

Wenn ich auf meinen Weg zurückblicke, dann sehe ich, dass mich zu Beginn nicht meine Freude oder Leidenschaft zu meiner Berufung gebracht hat, sondern etwas ganz anderes: mein Schmerz. Viele Jahre lang hatte ich immer wieder Phasen tiefer Traurigkeit, ohne zu wissen, worin deren Ursprung lag. Ich hatte Momente, in denen meine äußere Welt vollkommen intakt war, ich aber innerlich am Abgrund stand.

War es die Scheidung meiner Eltern, die ich noch nicht verarbeitet hatte? Die schwierigen Jahre mit meinen Stiefeltern? Die gescheiterte Schulzeit auf dem Gymnasium? Auf all das hatte ich mit tiefer Traurigkeit reagiert, und ich spürte sie wie einen dunklen Mantel, der sich um meine jungen Schultern legte.

Mein Schmerz forderte mich damals auf, meiner Sehnsucht nach Glück und Erfüllung zu folgen. Es waren dieser Schmerz und die durchweinten Nächte, die dazu führten, dass ich mich mit meinen Heilungsthemen bis ins Tiefste auseinandersetzte, anstatt sie galant im Keller meines Unterbewusstseins einzusperren.

Auch dieses Buch entstand aus einem Schmerz heraus: meiner schmerzvollen Suche nach meiner Berufung. Es waren also diese unangenehmen Erfahrungen, die mich zur Erfüllung und letzten Endes zu dir geführt haben. Voller Dankbarkeit und Liebe blicke ich heute auf meinen Schmerz zurück, denn aus ihm hat sich Freude und Leidenschaft für mich, mein Leben und meine Karriere entwickelt.

Auch du kannst deinen jetzigen oder früheren Schmerz als Wegweiser nutzen und damit Sinnhaftigkeit erschaffen. Denn du wirst hinterher sehen, wofür dein Leiden gut war. Vielleicht kennst du eine dieser folgenden vier Frauen, die wie ich von ihrem Schmerz zur Berufung geführt wurden: Melina Royer war der gefühlt »schüchternste Mensch auf dem Planeten«, mit sozialen Ängsten, die ihren Alltag beherrschten.[31] Doch sie entschied sich, dass dies nicht so bleiben musste, gründete den deutschen Blog Vanilla Mind für zurückhaltende Menschen, mit dessen Hilfe sie ihre Reise zu mehr Mut und Selbstvertrauen dokumentierte. Ihr Schmerz wurde ihre Berufung, und inzwischen war sie überall dort zu Gast, »wo man Angsthasen«

wie sie »nicht unbedingt vermutet«: »Im Radio, in diversen Podcasts, Magazinen, auf YouTube, im Fernsehen und Bücherregal vieler junger Frauen.«[32]

Herzschmerz katapultierte die amerikanische Schriftstellerin Elizabeth Gilbert auf die Bestsellerlisten. Ihre gescheiterten Männerbeziehungen riefen sie zu einer intensiven und heilenden Reise nach Italien, Rom und schließlich Indien auf. Das Erlebnis verschriftlichte sie 2006 in ihren Memoiren *Eat, pray, love*, die sich bis heute über zehn Millionen Mal verkauft haben.[33]

Es ist hart, auf deinen Schmerz zu schauen und sich wirklich tief mit ihm zu beschäftigen. Aber es lohnt sich! Vielleicht ruft dich dein Schmerz gerade auf, aktiv zu werden, nach neuen Wegen und Lösungen zu suchen, diese zu finden, um dann, wenn du so weit bist, deine Medizin mit uns zu teilen.

Das, was dich am meisten bedrückt hat und am meisten in dir danach rief, gelöst und geheilt zu werden, das kann dich auch beruflich führen und dir Erfüllung ermöglichen, von der du heute nur träumen kannst.

BUSINESS JOURNALING

WAS WAREN DIE GRÖSSTEN SCHMERZPUNKTE IN MEINEM BISHERIGEN LEBEN?

z. B. Scheidung, Kündigung, Trennung …

WOZU HAT MICH DIESER SCHMERZ AUFGERUFEN? WAS HABE ICH AUFGRUND DESSEN UNTERNOMMEN?

WAS HABE ICH AUFGRUND DESSEN GELERNT?

WELCHEN ÜBERWUNDENEN SCHMERZ KÖNNTE ICH BERUFLICH VERFOLGEN ODER VERTIEFEN?

RUF #5: FOLGE DEM RUF DES LIFESTYLES

Berufliche Erfüllung hängt nicht nur mit deinem Arbeitsinhalt oder den genauen Aufgaben zusammen, sondern auch damit, wie du lebst und arbeitest. Bist du eher eine Nachteule, die sich morgens aus dem Bett quälen muss? Oder ein kreativer Vogel, der versucht, sich feste Routinen und Strukturen anzueignen?

Die zentrale Frage ist: Welcher Lifestyle ruft danach, von dir gelebt zu werden? Wie möchtest du leben? Und wie möchtest du arbeiten? Wie kannst du beides gesund miteinander verbinden?

In unserem gewohnten Umfeld kann es so wirken, als gäbe es nur ein realistisches Lifestyle-Modell – aber das stimmt nicht.

Rede dir also nicht ein, dass du keine andere Wahl hast, dass du nicht anders leben und arbeiten kannst, nur weil dein erwünschter Lifestyle gerade noch weit entfernt und somit vielleicht unrealistisch wirkt. Wenn du hinschaust und suchst, wirst du Menschen finden, die bereits das Leben erschaffen haben, nach dem du dich sehnst.

Die Reise beginnt mit der Beachtung deiner Wünsche. Wonach sehnst du dich? Genau das kannst du in dem folgenden *Drei-Leben-Journalexperiment* herausfinden:

DAS DREI-LEBEN-EXPERIMENT

Stell dir vor, du bekommst drei Leben geschenkt, in denen du beruflich machen kannst, was/wo/mit wem du möchtest. Für ausreichend finanzielle Mittel ist gesorgt, und du kannst deine Leben ganz frei wählen.

Starte mit dem ersten Wunschleben und schreibe oder skizziere deine Antworten in kurzen Sätzen oder Stichwörtern hier auf. Hab Spaß, fühl dich frei und probiere dich aus. Hier geht es nicht um den finalen Job, sondern um einzelne Elemente und kleine Details deines Traumlebens. Orientiere dich dabei gerne an den unten genannten Fragen. Aber führe das Experiment unbedingt schriftlich aus, weil sich erst dann dessen Magie, deine Gedanken und Impulse wirklich entfalten können. Wenn du dein erstes Leben definiert hast, dann kreiere dein zweites und drittes Wunschleben.

TIPP:
Probiere hier ruhig auch kleine Zeichnungen aus. Ein Baum könnte für Natur stehen und ein Buch für ruhige Abende auf dem Sofa oder vor dem Kamin.

LEBEN #1

Wo bin ich?

Mit wem?

Was mache ich beruflich?

LEBEN #2

Stell dir vor, du möchtest ein phantastisches Leben skizzieren – welches Leben würdest du dann gerne führen: Bäckerin im Auenland oder Lehrerin in Hogwarts? Deiner Phantasie sind keine Grenzen gesetzt!

Wo bin ich?

. . . .
. . . .

Mit wem?

. . . .
. . . .

Was mache ich beruflich?

. . . .
. . . .
. . . .
. . . .

Warum ist mein Arbeitstag so genial, was macht ihn aus?

. . . .
. . . .
. . . .
. . . .
. . . .
. . . .
. . . .
. . . .
. . . .
. . . .

LEBEN #3

Stell dir vor, du bist finanziell komplett frei und möchtest mit deiner Arbeitszeit der Welt etwas Gutes tun.

Wie würde dein Leben dann aussehen?

Wo bin ich?

. . . .
. . . .

Mit wem?

. . . .
. . . .

Was mache ich beruflich?

. . . .

Warum ist mein Arbeitstag so genial, was macht ihn aus?

. . . .

AUFLÖSUNG

Deine Wunschleben enthalten wertvolle Hinweise auf die Frage, wie du am liebsten leben und arbeiten möchtest. Dabei geht es nicht um den genauen Job/das Business, sondern um einzelne Elemente, die du jetzt aus deinen Antworten herausziehen kannst. Frage dich zuletzt: Welche wiederkehrenden Elemente lassen sich identifizieren? Hast du in deinen Leben kreative Berufe gewählt? Bist du im Ausland oder auf Reisen? Welche wiederkehrenden Aspekte siehst du in mehreren deiner Antworten?

Meine wichtigsten Lifestyle-Elemente sind:

1. . . . .

2. . . . .

3. . . . .

Diese wiederkehrenden Lifestyle-Elemente sind die Basis für deine berufliche Veränderung. Dabei ist es unwichtig, in welcher beruflichen Situation du dich gerade befindest, denn du kannst schon jetzt mit minimalen Veränderungen deine heutige Lebens- und Arbeitsweise verbessern.

Ich sehnte mich nach einem Arbeitsplatz, bei dem ich nicht nur im Home-Office bin, sondern regelmäßig an unterschiedlichen Orten mit inspirierenden Menschen arbeiten kann. Die Idee von Arbeitsurlauben, sogenannten *Workations* (work + vacation) wurde daraus geboren. Ein erster kleiner Schritt war ein sechstägiger Arbeitsurlaub mit zwei Unternehmerfreunden in einem schönen Airbnb in Deutschland.

Auch du kannst soetwas für dich schaffen und dem Ruf deines Wunsch-Lifestyle folgen. Finde also Klarheit für dich und experimentiere dann ein wenig! Du musst kein jahrelanges »Soul-Searching« durchlaufen, um schnell Fortschritte zu machen – ganz ohne Selbstreflexion kommst du aber auch nicht voran!

BUSINESS JOURNALING

WELCHE ASPEKTE MEINES JETZIGEN ARBEITSALLTAGS TUN MIR GUT? WELCHE WENIGER GUT?

WAS MÖCHTE ICH GERNE MEHR IN MEIN LEBEN INTEGRIEREN? ABWECHSLUNG? KOLLABORATIONEN? ABENTEUER? STRUKTUR? GENUSS? ORTSWECHSEL?

Oder etwas ganz anderes?

WELCHE KLEINEN VERÄNDERUNGEN KÖNNTE ICH ANSTOSSEN, UM DIESEM WUNSCHLEBEN DIESE WOCHE SCHON 1 PROZENT NÄHER ZU KOMMEN?

Wie sieht eine Miniversion dieses Wunschlebens aus?

RUF #6: ERLAUBE DIR, ZU TRÄUMEN

Träume haben nicht immer den besten Ruf: Vielleicht wurdest du auch schon mal dazu aufgefordert, endlich mit dem Träumen aufzuhören und stattdessen mal loszulegen. Aber hast du dich schon mal gefragt, weshalb du überhaupt Träume hast?

In ihrem Buch *Big Magic* berichtet Elizabeth Gilbert, dass Ideen eigenständige Energien seien, die zu einer Person nur dann kämen, wenn diese das Potenzial habe, diese Ideen auch in die Welt zu bringen.[34] Was wäre also, wenn du deine Träume nicht ohne Grund hättest? Wenn sie zu dir gekommen wären, weil sie wussten, dass sie durch dich realisiert werden würden?

Ich glaube nicht an Zufälle und du brauchst es auch nicht. Versteife dich nicht darauf, dass du scheinbar weißt, wie deine Träume realisiert werden können oder wo genau sie hinführen. Gib dir also wieder die Erlaubnis zum Träumen – dann wird dich dein Inneres führen. Es flüstert dir eh bereits täglich in Form von Nacht- oder Tagträumen, von Wünschen und Sehnsüchten deinen Weg zu.

Dabei gibt es eine Art von Traum, die besonders magisch ist: der undenkbare Traum. Das könnte sein:

+ eine Idee, die du dir kaum vorzustellen wagst;
+ ein so subtiler Impuls, dass du ihn immer wieder wegschiebst, wenn er sich bemerkbar macht;
+ eine Vorstellung, die sich so unrealistisch und entfernt anfühlt, wie die Sterne.

Vielleicht hast auch du einen undenkbaren Traum, also eine Wunschvorstellung für deine Karriere, die so unrealistisch wirkt, dass du sie nicht wahrhaben willst. Lass es uns gemeinsam herausfinden.

Vervollständige die folgenden Sätze für dich:

EIN VÖLLIG VERRÜCKTER TRAUM WÄRE ...

WÄRE ES NICHT GENIAL, WENN ...

WAS ICH MIR NIEMALS ERLAUBEN WÜRDE, IST ...

WENN ICH RATEN MÜSSTE, WAS MEIN UNDENKBARER TRAUM IST, DANN WÄRE ES:

1.

2.

3.

RUF #7: NUTZE DEINE NEUGIER

»You've got to find what you love«, sagte Steve Jobs in seiner berühmten Eröffnungsrede an der Stanford-Universität, denn »the only way to do great work is to love what you do«.[35] Es ist seither zu einer gängigen These geworden, dass wir unserer beruflichen Leidenschaft folgen müssen, um eine erfüllte Karriere zu haben und ein sinnstiftendes Leben zu führen.[36]

Auf der Suche nach meiner Berufung hatte auch ich auf meine Leidenschaften gebaut, hatte verzweifelt versucht, direkt meinen beruflichen Weg daraus abzuleiten, und war kläglich gescheitert: Ich liebte persönliche Entwicklung und vor allem das Lernen – aber wie konnte ich aus meiner Leidenschaft am Lernen einen Job kreieren? Wo oder wie konnte ich fürs Lernen bezahlt werden? Ich wollte ja nicht alles und jedes lernen, sondern nur das, was mich wirklich fesselte. Ich hatte erste Ansätze, doch nichts, was möglich und passend erschien.

Deine Berufung über deine Leidenschaften zu finden, funktioniert also nur dann, wenn du eine eindeutige Passion hast – und, wie du an meinem Beispiel siehst, auch dann möglicherweise nur teilweise.

Aber was passiert, wenn du keine klare Leidenschaft für etwas hast oder vielleicht einfach zu viele Interessensgebiete? Dann führt dich der gut gemeinte Ratschlag zu einer nie endenden Suche. Wenn du also keiner klaren Leidenschaft folgen kannst (oder willst), tue etwas anderes: Folge deiner Neugier!

Das ist der siebte und letzte Ruf, den du aus meiner Geschichte bereits kennengelernt hast. Auch Schriftstellerin Elizabeth Gilbert sagt darüber: »Ich bin nicht jeden Tag voller Leidenschaft, aber an jedem Tag in meinem Leben, gibt es etwas, was mich neugierig macht.«[37]

Steve Jobs' Geschichte zeigt, wie ihn die Neugier zu unbezahlbaren Puzzleteilen für seinen beruflichen Erfolg geführt hat. Pure Neugier führte ihn damals in einen Unikurs zu Kalligraphie und »none of this had even a hope of any practical application in my life«.[38] Wäre er seiner Neugier nicht gefolgt, hätten Computer aber nicht die »wonderful typography that they do«.[39]

WAS WÄRE. WENN ICH NUR MEINER NEUGIERDE FOLGEN KÖNNTE?

WELCHES THEMA, WELCHE TÄTIGKEIT ODER ROLLE MACHT MICH GERADE BESONDERS NEUGIERIG?

GENERIERE IDEEN – SEI WILD, FREI UND WUNDERBAR

Die sieben Rufe aus den letzten Kapiteln haben verschiedene Impulse in dir sichtbar gemacht, die dir beruflich die Richtung weisen können.

Manchmal ist der Ruf nach dem nächsten Schritt laut und klar, manchmal leise und verwirrend. Manchmal ruft er in eine, manchmal in fünf verschiedene Richtungen. Vielleicht hattest du bei der einen Journalsession hundert verschiedene Impulse und Antworten, bei der anderen keine einzige. Das ist vollkommen okay! Im nächsten Schritt generieren wir aus den Impulsen der sieben Rufe berufliche Ideen und Möglichkeiten. Schließe dafür kurz die Augen: Erinnere dich daran, deine Aufmerksamkeit auf deinen Körper zu lenken, um die Antworten zu empfangen, anstatt über sie nachzudenken. Schaue wertfrei auf das, was sich zeigen möchte.

Also schreib einfach auf, welche Ideen dir in Worten und Bildern durch den Kopf gehen. Atme tief ein, tief aus und dann lass uns beginnen.

RUF#1:

Wenn ich raten müsste: Wofür bin ich hier, und was will ich anderen ermöglichen? Welche beruflichen Ideen fallen mir ein, wenn ich meiner größten Freude folge?

RUF#2:

Welche beruflichen Ideen, Bilder oder Vorstellungen lassen sich aus meiner größten Angst ableiten?

RUF#3:

In welchem Beruf oder in welchem Business könnte ich meine Superkräfte nutzen? Wer braucht das, was ich zu bieten habe?

RUF#4:

Wer könnte alles von meinen überwundenen Schmerzpunkten profitieren?

RUF#5:

Welche verrückten Berufsoptionen könnten mir meinen Wunsch-Lifestyle ermöglichen?

(Auch wenn die Idee vielleicht unrealistisch und verrückt ist.)

RUF#6:

Wenn ich auf magische Weise meinen undenkbaren *Traum* verwirkliche, wie könnte mein Berufsleben dann aussehen?

RUF#7:

Projekte, die ich einfach aus purer *Neugier* starten würde, sind ...

TIPP:
Bei welchen Impulsen zeigt dein Körper die stärksten Reaktionen? Er gibt dir wertvolle Hinweise auf deine Intuition!

Welche Impulse und Ideen kommen mir noch?
Wie könnte ich Ideen aus verschiedenen Rufen kombinieren?

Beschäftige dich im nächsten Schritt mit den Impulsen, die gerade in dir am meisten resonieren. Wo zieht es dich als Erstes hin?

Teil 4

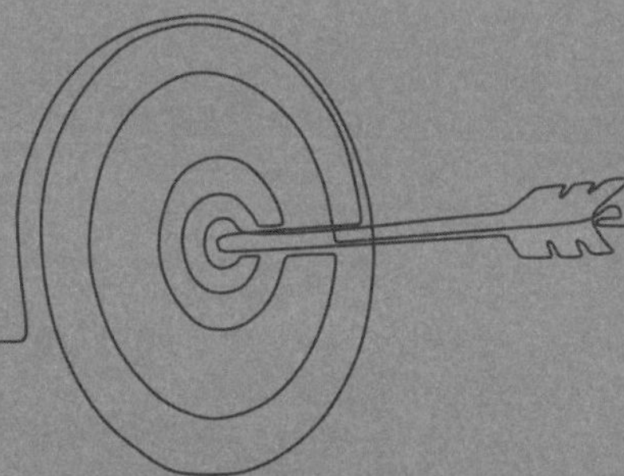

LEG LOS – DU BIST SO WEIT

MACH ES EINFACH!

Als ich Petra Riedinger in einem Seminar von Coach Grit Müller zum ersten Mal traf, war ich sofort von ihr fasziniert. Petra war in den Vierzigern, hatte lange blonde Haare, war etwas schüchtern, aber trug dafür eine riesige Brille mit buntem Rahmen, modische, leicht zerschnittene Jeans und dazu ein rockiges T-Shirt mit »Bling-Bling« – einer Rapper-ähnlichen Kette – sowie pinke Puschelsandalen. Ihre Liebe und Leidenschaft für Mode war im ganzen Raum sichtbar und für jede Teilnehmerin auch spürbar. Früher hatte Petra in einem Versicherungsbüro gearbeitet, bis sie durch eine Reihe von Zufällen begann, Jeans zu verkaufen.

Daraus hatte sich – langsam, organisch, ohne große Vision – der Traum eines eigenen Modegeschäfts entwickelt. Während sie weiterhin bei der Versicherung arbeitete, nahm sie ihren ganzen Mut zusammen und gründete ihr Unternehmen Von Lennox auf kleinstem Raum in Speyer. Die Idee wuchs und gedieh, und heute leitet Petra Von Lennox in Vollzeit, hat mehrere Angestellte, betreibt einen eigenen Onlineshop und hat sich sogar während der Coronapandemie, die viele Modegeschäfte in die Insolvenz trieb, vergrößert und ist nach Heidelberg umgezogen.[40]

Als ich Petra nach ihrem Geheimrezept fragte, antwortete sie: »Ich denk nicht drüber nach. Ich mach einfach! Wenn mir meine Intuition einen Impuls gibt, folge ich ihm, denn wenn ich lange darüber nachdenke, würde ich nicht mal die Hälfte meiner Ideen umsetzen.«

Im vorherigen Kapitel habe ich über die sieben Rufe des BeRUFungsmodells geschrieben. Du konntest dir dabei in der Abschlussreflexion neue Ideen und Impulse für passende Berufsoptionen und nächste Schritte ableiten. Wenn auch du mit einer Business- oder Projektidee liebäugelst oder überlegst, eine völlig neue Berufsrichtung einzuschlagen, dann ist jetzt die Zeit des Ausprobierens gekommen.

Ich selbst verfolge im Alltag auch das Motto »Mach es einfach«. Das habe ich mir als tägliche Erinnerung auf einen Post-it-Zettel geschrieben und neben meinen Schreibtisch geklebt. Ich liebe die Doppeldeutigkeit des Satzes: Das »Mach es« erinnert mich täglich daran, meine Ideen auch tatsächlich umzusetzen, anstatt sie kaputtzuplanen oder zu zerdenken. Das »einfach« wiederum lädt mich ein, die »Einfachheit« zu finden: zu sehen, wie ich meine Projekte und Ideen leichter machen könnte. Komplexität – wie Perfektion – ist der absolute Killer, wenn du den Ball erst einmal ins Rollen bringen willst. **»Mach es einfach«** ist ein Commitment, das du dir und deinem Wunsch nach beruflicher Zufriedenheit gibst: Denn dein Commitment ist einer der wichtigsten Entscheidungsfaktoren bei der Verfolgung deines Rufs nach Erfüllung – ohne ist es ziemlich wahrscheinlich, dass du auf halber Strecke aufgibst.

MACH ES EINFACH!

Folge dem Ruf!

Hab keine Angst davor, dass eine Entscheidung endgültig sein muss. Du kannst dich für einen deiner Rufe committen, obwohl du noch nicht hundertprozentig sicher bist – mehr noch, du musst dich sogar committen, um es herauszufinden, deshalb rate ich dir zu Folgendem: Committe dich für dreißig Tage. Gib dir und deinen Träumen dreißig Tage lang Zeit, um mit voller Hingabe in die Umsetzung zu gehen. Danach kannst du das Getane evaluieren und dich unter Umständen umentscheiden:

MEIN BERUFUNGS-COMMITMENT

Hiermit committe ich,

. . . .
. . . .
. . . .
(dein Name)

mich dazu, meiner Berufung und diesem Buch zu folgen und die nächsten dreißig Tage mit Hingabe in die Umsetzung zu gehen. Und dazu, das »Mach es einfach«-Motto für mich proaktiv umzusetzen.

Meine Motivation/mein Warum hinter dem Wunsch, meiner Berufung zu folgen, ist:

Datum, Unterschrift

Klebe dir einen »Mach es einfach«-Zettel an deinen Laptop oder hol dir den »Mach es einfach«-Screensaver auf der Buchbonusseite unter www.maxineschiffmann.de/bonus, um dich auch im Alltag an dein Commitment zu erinnern.

FINDE KLARHEIT IM TUN

»Ich will hundertprozentig klar und sicher sein, bevor ich loslege«, sagte mir meine Klientin im Coaching, und ich konnte sie gut verstehen. Schließlich kamen mir damals viele Ideen, als ich mich fragte, was ich beruflich machen wollte, doch bei allen war ich unsicher und fragte mich, ob dies wirklich der richtige Schritt für mich war.

Auf rationaler Ebene ergibt es Sinn, dass wir uns diese Klarheit und Sicherheit wünschen und glauben, dass wir sie bräuchten: Denn wenn ich mir sicher bin, dass ich etwas will, dann werde ich auch eher zum Ziel kommen, stimmt's? Ich muss mein gewünschtes Ziel ins Navigationssystem eingeben, um den richtigen Weg zu finden.

Stimmt. Aber nicht bei beruflicher Klarheit: Denn du brauchst keinen finalen Jobtitel und keine finale Businessidee, um loszulegen!

Wenn du gerade unsicher bist, ob deine beruflichen Ideen die »richtigen« sind, dann fehlen dir echte Erfahrungswerte, die über das bloße Nachdenken, Grübeln und Planen hinausgehen.

Der *New-York-Times*-Bestsellerautor **Austin Kleon** ergänzt:

»Hätte ich gewartet, bis mir klar geworden wäre, wer oder was ich bin, bevor ich anfing, ›kreativ‹ zu sein, nun, dann würde ich immer noch dasitzen und versuchen herauszufinden, wer ich bin, anstatt Dinge zu machen.«[41]

Klarheit entsteht im Tun. Und genau dazu rufe ich dich im nächsten Kapitel auf und gebe dir einen passenden Rahmen fürs Loslegen an die Hand. Dann kannst du aufhören, nachzudenken, und stattdessen ausprobieren.

GEDANKENEXPERIMENT

Denke bitte mal kurz an den Traumjob der Buchautorin:
Welches Bild kommt dir da in den Kopf?

Entspanntes Schreiben an einem wunderschönen Ort, vielleicht mit Blick in die Natur? Die Autorin, an einer Tasse mit warmem Tee nippend, tippt voller Inspiration Worte in ihren Laptop und geht erfüllt in ihrem Schreibprozess auf?
Dieses Beispiel illustriert, wie wir uns berufliche Ideen und Jobs schönmalen. Aber ganz ehrlich: Wie wahr ist diese Vorstellung wirklich? Ich kann dir aus Erfahrung sagen, dass diese Momente zwar passieren, aber nicht meinen Schreiballtag beschreiben. Im Gegenteil: Im einen Moment sitze ich noch inspiriert am Laptop und fange mit dem Schreiben an, aber im nächsten Moment lösche ich schon wieder genervt die Hälfte des Geschriebenen und frage mich, was ich denn genau aussagen wollte.

Wir können uns ohne tatsächlich gemachte Erfahrungswerte nicht für etwas entscheiden. Du brauchst das Gefühl, wie es ist, den Beruf oder die Selbständigkeit tatsächlich auszuführen und dabei die Höhen und Tiefen des Alltags zu erleben. Wie du das genau umsetzt, verrate ich dir im nächsten Kapitel.

Falls du dich also fragst: »Will ich das wirklich? Ist meine Idee, mein Vorhaben schon das richtige?«, dann erinnere dich bitte daran: Klarheit und Sicherheit findest du niemals im Grübeln, sondern immer nur beim Ausprobieren.

Klarheit ist keine Voraussetzung für dein Handeln, sondern dessen Ergebnis. Nach dem Loslegen kommt die Klarheit.

Du musst jetzt noch nicht genau wissen, wohin die Reise für dich geht. Sei es eine Sache oder Hunderte. Du brauchst für den Start nur einen ersten Impuls. Lass dich von deiner inneren Stimme und deinen Ideen leiten – ohne final wissen zu müssen, was genau dich beruflich erwartet. Sei dir gewiss, dass dir immer mehr klarwerden wird, wenn du Stück für Stück beginnst, deinen innersten Rufen zu folgen. Du wirst dann Klarheit im Tun finden.

Mein Ruf nach meiner persönlichen Entwicklung und dem Unternehmertum führte mich zum Blog, zu Career Catalyst, zu YBG und Soforthelfer sowie zu diesem Buch. Die letzten Jahre waren die aufregendsten meines Lebens, und alles begann bei mir mit dem Loslegen.

STARTE DEIN BERUFUNGSPROJEKT

Damit dir das Loslegen und die Klarheit leicht von der Hand gehen, lade ich dich ein, dein eigenes BeRUFungsprojekt zu starten: Das ist ein vierwöchiges Projekt, in dem du neue Berufs- und Businessideen direkt austestest. Hast du den Ruf in dir wahrgenommen, Hochzeitsfotografin zu werden? Oder doch lieber IT-Entwicklerin? Probiere es in deinem BeRUFungsprojekt aus, um so in kurzer Zeit recht spielerisch die Klarheit zu erhalten, die du für deine beruflichen Entscheidungen brauchst. Der kurze Zeitraum hilft dir dabei, dich nicht zu verzetteln und dich auf das Wesentliche deiner Idee oder deines möglichen Wunschjobs zu konzentrieren.

CASE STUDY: MAXINES BERUFUNGSPROJEKT

Meine Coachingkarriere mit Karolin startete mit – du ahnst es jetzt vielleicht schon – einem BeRUFungsprojekt. Wir nannten es »Coachlooping«, um Coaching am eigenen Leib auszuprobieren – ohne vorher alle Details geklärt haben zu müssen. Wir fanden drei weitere Personen – Freunde oder Freunde von Freunden –, die sich innerhalb weniger Wochen gegenseitig coachen würden. So konnten Karolin und ich a) unser Coaching ausprobieren und b) unsere eigenen Kommunikations-Skills verbessern. Vorher hatte ich lange darüber nachgedacht, ob Coaching das Richtige für mich war und ob ich das konnte. Ich drehte mich gedanklich im Kreis, bis ich dank des BeRUFungsprojekts Klarheit erhielt.[42] Mit deinem eigenen Projekt wirst auch du in vier Wochen mehr Klarheit gewinnen als durch vier Monate Planung.

#gamechanger

Für den Start deines eigenen BeRUFungsprojekts braucht es fünf Sachen, die du in die Vorlage weiter unten einträgst:[43]

1. **Business- oder Berufsidee:** Du fragst dich, was die Haupttätigkeit der Berufsidee oder die Essenz des Business ist.
   Als Coach coachst du Menschen, als Filmemacherin drehst du Filme und als Social-Media-Managerin erstellst du Social-Media-Inhalte für Unternehmen.

2. **Ergebnis:** Dann definierst du ein klares Ergebnis, das dich möglichst nah an diese Haupttätigkeit oder deine Businessidee bringt.

Hörst du den Ruf, Podcasterin zu werden oder eigene Bücher zu schreiben, dann könnten ein definiertes Ergebnis drei fertige Podcast-Folgen oder das Exposé und die ersten zwanzig Seiten deines Buchs sein.
Wichtig: Wenn du denkst, dass Coaching deine Berufung sein könnte, dann lautet die Kerntätigkeit hier nicht, eine Website zu erstellen (das macht ein Webdesigner) oder erst noch eine Weiterbildung zu besuchen (dann bist du Schülerin), sondern echte Coachinggespräche mit echten Personen zu führen – das kann auch die Freundin einer Freundin sein oder dein Nachbar.
Bei einigen Berufen wie zum Beispiel dem einer Ärztin kann das Ausprobieren schwierig sein. Hier könntest du in deinem Projekt beispielsweise vier Ärzte interviewen oder auch ein eintägiges oder einwöchiges Praktikum in einer Praxis oder Klinik absolvieren. Eine gute Investition deines Urlaubs, denn dein BeRUFungsprojekt könnte – wie bei mir – den Rest deines (Berufs-)Lebens verändern.

3. **Enddatum:** Definiere das Enddatum, vier Wochen nach deinem Starttermin, der im besten Fall heute ist.

4. **Support:** Plane dir Hilfe ein, um Hürden aus dem Weg zu räumen. Es geht hier um Social-Support, denn wir bleiben länger am Ball, wenn wir uns vor anderen committen und uns deren Unterstützung einholen.

5. **Umsetzungsblocker:** Zuletzt planst du dir gleich zu Beginn Zeiträume für dein BeRUFungsprojekt ein. Anstatt bis in alle Ewigkeit auf das perfekte Wochenende zu warten oder den terminfreien Vormittag, plane dir 3x30 Minuten pro Woche für dein BeRUFungsprojekt als festen Termin im Kalender ein.

Für dein erstes BeRUFungsprojekt braucht es weder Absprachen noch einen finanziellen Ausgleich, denn es ist rein für dich als Spiel- und Experimentierwiese gedacht. Du kannst das Ergebnis veröffentlichen (oder dem Unternehmen zur Verfügung stellen) – oder eben auch nicht. Ein BeRUFungsprojekt ist auch kein Planprojekt – das möchte ich an dieser Stelle für Planer wie mich ergänzen: Es geht um die echte Umsetzung und das echte Ausprobieren. Denn das führt zur meisten Klarheit!

Am leichtesten und erfolgreichsten werden BeRUFungsprojekte mit der passenden Begleitung und einer unterstützenden Community. Um beim Folgen deiner Berufung direkt an deiner Seite zu sein und dich noch intensiver zu begleiten, habe ich das digitale Berufungs-Coachingprogramm kreiert. Wann es losgeht und wie du daran teilnehmen kannst, erfährst du auf meiner Website unter www.maxineschiffmann.de/berufung. Am Ende des Buchs erwartet dich als Geschenk auch noch ein persönlicher Gutscheincode für das Programm.«

MEIN BERUFUNGSPROJEKT

Meine Business- oder Berufsidee:

Was ist die Hauptaktivität dieses Berufs/Business?

. . . .

. . . .

. . . .

. . . .

. . . .

Ergebnis:

Als Coach könnten das drei gehaltene Coachingsessions sein, als Filmemacherin ein fertiger Kurztrailer für ein Unternehmen oder als Social-Media-Managerin zehn finalisierte Social-Media-Beiträge inkl. Zielgruppe und Auswertungsbogen.

. . . .

. . . .

. . . .

. . . .

. . . .

Umsetzungszeitraum:

. . . .

. . . .

Mein Starttermin   *Mein Endtermin*

Support:
Wem präsentiere ich mein fertiges Ergebnis?

. . . .
. . . .

Wer unterstützt mich inhaltlich bei der konsequenten Durchführung?

. . . .
. . . .

Wer unterstützt mich emotional bei Schwierigkeiten?

. . . .
. . . .

Wann werde ich mein Projekt konkret umsetzen?

. . . .
. . . .
. . . .
. . . .

Bonustipp: Frage dich: »Was brauche ich, um mir diese Zeit zu nehmen?« Kalendereintrag, Fokus, Erlaubnis vom Chef, andere Verpflichtungen ablehnen.

ENTSCHEIDE DICH

Hast du dich für ein BeRUFungsprojekt entschieden? Entscheidungen schaffen Klarheit und Fokus, auch wenn uns das Treffen eben solcher nicht immer leichtfällt. Wenn dein BeRUFungsprojekt aber schon steht, kannst du direkt zum nächsten Kapitel blättern. Falls du noch keine Idee ausgewählt hast, wofür entscheidest du dich jetzt: Welches BeRUFungsprojekt könntest du für dich starten, um berufliche Klarheit zu gewinnen? Falls dir aber auch diese Entscheidung gerade schwerfällt, dann hilft dir dieses Kapitel jetzt dabei. Die Fähigkeit, Entscheidungen zu treffen, ist wie ein Muskel – mit jeder Trainingseinheit wird er stärker. Dafür möchte ich dir drei Reminder, zwei Prinzipien und zwei schnelle Alltagsmethoden an die Hand geben.

Reminder #1:
Entscheidungen dürfen sich verändern.
Kaum eine Entscheidung ist final. Du verlässt eine Stelle und kehrst später zu ihr zurück. Du beginnst ein Projekt, legst es auf Eis und merkst dann, dass es doch Potenzial hatte, und startest es wieder. Erlaube dir, dich umzuentscheiden. Wer sagt, dass du heute schon alles wissen musst?

Reminder #2:
Es gibt kein Richtig und kein Falsch.
Oft denkt dein Verstand in Schwarz und Weiß. Das verleitet dich zu dem Glauben, es gäbe nur eine richtige Entscheidung. Ob aber eine Entscheidung gut oder schlecht war, hängt auch davon ab, was du daraus machst. Nimm dir selbst den Druck und verinnerliche, dass es nicht nur eine richtige Entscheidung für dich gibt.

Rückblickend ist es leicht, zu denken: »Das war falsch« – aber was ist, wenn du genau da warst, wo du sein solltest, um etwas Wichtiges zu lernen? Dein höheres Selbst weiß, welche Erfahrungen es braucht, um am besten zu wachsen.

Reminder #3:
Nutze deine Gefühle und deinen Verstand als Informationsquelle.
Mein Vater Golo Schiffmann legt mir immer ans Herz, dass wir gut beraten sind, unseren Gefühlen das gleiche Gewicht zu geben wie unserem Verstand. Als Coach und Trainer weiß er, wie wichtig es ist, beide als wertvolle Informationsquellen anzuerkennen und die Fähigkeit zu entwickeln, frei zwischen ihnen wählen zu können.

Stell dir beide Instanzen wie zwei Computer vor: Du gibst ihnen die gleiche Frage, bekommst aber zwei unterschiedliche Antworten oder Vorschläge zurück. Dann kannst du entscheiden, welchem Vorschlag du folgen möchtest.

DIE ENTSCHEIDUNGS-TOOLBOX

Zwei schnelle Tools für die leichtere Entscheidungsfindung

Die »Hell yes«-Methode

Dies ist eins der schnellsten Entscheidungstools. Frage dich, wenn du dich für etwas entscheiden willst: Kann ich »Hell yes! Das wäre phantastisch!« oder »Absolut: JA!« dazu sagen? Wenn »Hell yes« nicht zutrifft, bedeutet das automatisch (erst einmal) ein »Hell no«.

So oft sagen wir ja zu Sachen, die eher ein »Hell maybe« sind – aus Angst, etwas zu verpassen. Aber wie Rich Litvin es ausdrückt: Wenn wir zu allem ja sagen, was eigentlich ein Nein ist, dann lassen wir uns keinen Raum für das, was wirklich ein absolutes Ja wäre. Probiere es für dich aus! Wozu kannst du jetzt gerade »Hell yes« sagen?[44]

Die Zettelmethode

Ich liebe diese Übung – vor allem für alle feinfühligen Menschen unter uns. Schreibe die verschiedenen Optionen oder Ideen auf jeweils einen Zettel. Dann falte die Zettel so zusammen, dass du den Text nicht mehr sehen kannst, mische die Zettel und lege sie vor dich hin.

Ja	Nein

Option A	Option B

Bei zwei Optionen, also zwei Zetteln, kannst du je einen in die Hand nehmen und in dich horchen, zu welchem Zettel du dich hingezogen fühlst. Frage dich: Welche Entscheidung ist die passendere für mich? Spüre, beobachte oder lausche auf deine Intuition.

Alternativ kannst du die Zettel auch vor dich legen und mit einer Hand drüberfahren und beobachten, welcher Zettel eine höhere Resonanz in dir auslöst. Die Antwort kann ein subtiles Gefühl sein, wie eine Art inneres Wissen, oder sie kann sich wie eine innere Stimme anhören. Da du den Text auf den Zetteln nicht siehst, kann dein Verstand dich weniger beeinflussen und lässt so Raum für deine Intuition und subtileren Gefühle.

Wenn deine inneren Reaktionen auf beide ähnlich sind, dann entscheide dich trotzdem für einen Zettel. Es gibt auch hier kein Richtig oder Falsch. Der Zettel trifft nicht die finale Entscheidung für dich, sondern gibt dir wertvolle Ansatzpunkte dafür, was du möchtest.

Denn jetzt kommt das eigentlich Spannende an dieser Methode. Öffne nun achtsam den ausgewählten Zettel und beobachte dich:

+ Wie reagierst du auf das Geschriebene? Bist du positiv oder negativ überrascht? Was spürst du?

+ Nutze diese Informationen als weitere wertvolle Basis für deine Entscheidungen.

TIPP:
Mache die Übung nur einmal und nicht mehrfach hintereinander. Lasse mindestens einen Tag verstreichen, bevor du sie wiederholst, um dich nicht selbst zu verwirren.

CASE STUDY: MAXINES MASTER-ENTSCHEIDUNG

Es war 2014, und ich blickte unsicher auf meine detailliert ausgearbeitet Pro-und-kontra-Liste mit diversen Masterstudiengängen.

»Das perfekte Tool«, würde mein Verstand sagen – aber wieso fühlte ich mich dennoch so unsicher? Ich erkannte, dass ich nur meine Logik für die Entscheidungsfindung benutzt hatte – dabei wollte ich eine Entscheidung treffen, die sich gut anfühlte und nicht nur gut »andachte«.

Also nutzte ich die Zettelmethode und bekam eine eindeutige Antwort: Beim Gedanken an die Studiengänge in London fühlte ich mich innerlich unangenehm eng, der Studiengang in Southampton hingegen erschuf ein Gefühl von angenehmer innerer Weite. Ich entschied mich also lieber für Letzteres, weil es sich gut anfühlte. Ich ging nach Southampton. Dort hatte ich einen

Professor, der mich und mein kritisches Denken auf besondere Weise beeinflussen und zu einem weiteren wichtigen Puzzleteil meiner Berufung werden sollte!
Mein Learning daraus: Entscheidungen sind viel einfacher, wenn du nicht nur deinen Verstand dazu befragst.

HÖR MIT DER PLANUNG AUF

Hast du auch schon einmal eine der folgenden Situation erlebt?

- Du hast wochenlang ein Projekt geplant, nur um dann alles anzuzweifeln und zu verwerfen, oder
- du hast so viel Zeit mit der Planung verbracht, dass du danach keine Zeit (oder Lust) mehr auf die Umsetzung hattest.

Ich war immer gut darin, mir großartige Pläne auszudenken und Ideen perfekt durchzuplanen. Mehr noch, ich liebte es, mir stundenlang auszumalen, was ich wann tun würde, welche Details wichtig waren, und wie großartig alles sein würde, wenn die Idee realisiert würde ... nur um dann *nichts* davon umzusetzen.

Planen ist Prokrastination für Fortgeschrittene – nicht immer, aber immer öfter.

»Es ist gut, einen Plan zu machen, aber nicht gut, einen zu haben«, hörte ich letztens YBG-Headcoach Jochen Bloss sagen. Und er hat recht: Es ist wertvoll, deine Optionen, Ideen und nächsten Schritte gründlich zu durchdenken. Planen ist ein geniales Tool, aber nur wenn du es nicht missbrauchst, um in deiner Komfortzone zu bleiben. Denn Pläne ohne Umsetzung sind bedeutungslos, und selbst die schönsten Phantasien sind nur leere Bilder. Pläne sind kraftvoll, aber wertlos ohne dein aktives Tun.

Wir vergeuden im Ideenstatus aber nicht nur unsere Zeit mit zu viel Planerei, sondern auch indem wir immer wieder den perfekten Plan bei anderen suchen:

- den magischen Blueprint für unser Business,
- die eine Erfolgsstrategie für den Durchbruch oder
- die perfekte Taktik für exponentiellen Erfolg.

Ob wir es nun »Plan«, »Strategie«, »Blueprint« oder »Formel« nennen, wir können schnell dem verlockenden Gedanken erliegen, es gäbe da draußen irgendwo den magischen Plan für uns, den wir nur finden müssten, so Kristin Woltmann.[45] Gleiches gilt übrigens auch für dieses Buch, denn auch ich habe nicht den einen perfekten Plan für dich, dem du einfach folgen musst.

Das Problem mit dem Planen ist Folgendes: Wir wissen oft nicht, ob unsere Planung gerade förderlich oder hinderlich ist. Die Lösung: Lerne dich selbst besser kennen und schaue auf deine vergangenen Umsetzungsmuster:

1. Bist du jemand, die generell einfach losläuft, nur um dann irgendwann festzustellen, dass ein wenig Struktur dir fünf Tage Arbeit erspart hätte? Dann weißt du, dass du mehr planen darfst.

2. Fällt dir das Planen leichter als die Umsetzung? Dann achte bei jedem deiner nächsten Schritte auf die Planfalle. Sie gibt dir zwar die Illusion eines Fortschritts, bringt dich aber nicht voran.

> **!** **Unperfekt loslegen ist besser, als mit perfektem Plan nichts zu tun.**

BUSINESS JOURNALING

AUF EINER SKALA VON 1 BIS 5: WIE WAHR *FÜHLT* SICH FOLGENDER SATZ FÜR DICH AN?
»Ich brauche einen klaren Plan, um meine Vorhaben zu erreichen.«

1	2	3	4	5

WENN DU TAUSEND IDEEN HAST, DANN STARTE MIT EINER

Letztens wurde ich auf Instagram gefragt: »Kann es nicht auch okay sein, viele Ideen gleichzeitig zu verfolgen?« Meine Antwort: Natürlich kann es das! Du darfst so viele Ideen verfolgen, wie du willst. Du musst nicht alles, was du startest, zu Ende bringen – jedes gekaufte Buch von vorne bis hinten durchlesen oder jede Idee abschließen.

Die Frage lautet vielmehr: Was tut dir *heute* gut, was *morgen*? Tut es dir gut, viele Projekte gleichzeitig zu starten, oder frustriert es dich immer wieder, weil du dir zu viel auflädst und dann doch kaum etwas fertig machst?

Viele Ideen zu haben, darf keine Ausrede sein, Millionen Sachen anzufangen, ohne eine einzige fertigzustellen. Oder Tausende Pläne und Ideen zu schmieden, dann aber nichts davon in die Umsetzung zu bringen. Vielleicht bist du also sehr kreativ und hast eine Vielzahl von Leidenschaften, die du alle verfolgen willst? Barbara Sher[46] nennt solche Persönlichkeiten »Scanner«, weil sie es lieben, viele Themen zu scannen, statt tief in nur eines einzutauchen. Es ist wunderbar, viele Ideen zu haben – aber kein Grund, nicht voranzukommen, denn dann »bist du kein Scanner, sondern ein Loser«, so John Williams von screwworkletsplay.[47]

Es ist also nicht wichtig, ob du einem oder fünf Rufen folgen möchtest, aber meine Empfehlung für dich lautet: Entscheide dich zunächst für einen. Folge diesem vier Wochen lang mit einem Be-

RUFungsprojekt. Committe dich! Die anderen Ideen kannst du dann immer noch auch umsetzen. Aber hör zuerst auf den klarsten Ruf in dir.

SEI MUTIG – ALLES GUTE FOLGT DANACH

Deiner inneren Stimme zu folgen, braucht nur Mut. Doch wie oft reden wir uns im Alltag ein, wir bräuchten erst mehr Selbstvertrauen, um loszulegen. Mut komme vor Selbstvertrauen, so Melina Royer. Als Frontfrau des *Still&Stark*-Podcasts weiß sie: »Alles geht mit Mut los.« Denn erst in den Momenten, in denen du den mutigen Schritt machst, kann Selbstvertrauen entstehen.

Neben den großen mutigen Entscheidungen sind es die kleinen »Mutmomente«, die dein Leben verändern:

+ Wenn deine neue Idee dich aus deiner Komfortzone lockt, möchte dein Mut dir helfen, für deine Träume einzustehen.

+ Wenn du eine Niederlage erlebst oder einen Fehler machst, lädt dich dein Mut dazu ein, weiterzumachen.[48]

»Mut zeigt sich in der Bereitschaft, Ängste und Spannungen auszuhalten oder Einschüchterungen aus dem Umfeld zu überwinden«, erklärt Melina.[49] Wie groß oder klein soll dein Impact sein? Wie viele oder wenige Abenteuer möchtest du erleben? Wie viele oder wie wenige Träume willst du verwirklichen? Dabei muss Mut nicht immer »laut« sein und alles riskieren. Hör auf deine innere Stimme.

Was dir hilft, um im Alltag mutiger zu sein, ist dein Fokus auf dein »Warum«. Melina fragt sich immer wieder: »Für wen hat das jetzt gerade einen Wert?«, oder »Für wen tue ich jetzt gerade etwas ganz Wichtiges?« Wenn deine Angst anklopft, du aber mutig sein willst, dann betrachte deine höheren Beweggründe: Welches größere Warum steckt hinter deinem Ruf?

»Mut ist eine Entscheidung« und die Frage lautet immer: Wem willst du den Vorrang geben – deinem Mut oder deiner Angst?

DREI BERUFLICHE MUTMOMENTE, AUF DIE ICH STOLZ BIN:

1.

2.

3.

WELCHE HÖHEREN BEWEGGRÜNDE STECKEN HINTER DEM WUNSCH, MEINER BERUFUNG ZU FOLGEN?

Selbstverwirklichung, Freiheit, Erfüllung oder etwas ganz anderes?

WORAN MÖCHTE ICH MICH DAS NÄCHSTE MAL ERINNERN, WENN ICH MEINEN MUT BRAUCHE?

STARTE SCHLECHT – ABER STARTE!

Als ich damals mit meinem Blog loslegte, erhielt ich den folgenden Rat: Sei bereit, schlecht zu starten.[50] Du kannst nicht erwarten, perfekt zu sein, bevor du dir nicht die Mühe gemacht hast, gut zu werden. Denn deine ersten Texte werden schrecklich sein, die ersten zig Videos peinlich und viele deiner neuen Ideen absolut unbrauchbar. Egal was ich bisher gemacht habe, ich bin immer imperfekt gestartet.

Wenn du ein kreatives Vorhaben beginnst, dann tust du es, weil du einen guten Geschmack hast. Du weißt, wie gutes Essen schmeckt, wie gute Fotos aussehen oder wie gute Texte klingen. Aber wenn du dann selbst loslegst, wirst du in den ersten Jahren (!) schlecht sein. Dein Geschmack ist noch immer treffsicher, aber deine Arbeit reflektiert diesen guten Geschmack noch nicht. Genau an diesem Punkt schmeißen die meisten Menschen ihr Vorhaben hin.[51] Sei bitte nicht wie die meisten Menschen – sondern lerne, die amateurhafte Phase zu tolerieren. Starte schlecht und werde dann immer besser!

Auch Reid Hoffman, der Co-Gründer von LinkedIn, sagte: »Wenn dir für die erste Version deines Produkts nicht peinlich ist, hast du zu spät gelauncht.« Das Gleiche gilt für deine beruflichen Ideen und Projekte. Nimm für dich den Anspruch raus, schon zu Beginn die fertig geformte Expertin zu sein. Der Weg zur Exzellenz startet im Tal der Imperfektion.

Vielleicht bist du wie ich und willst alles richtig gut machen. Ich wollte schreiben, wie eine erfahrene Bloggerin, obwohl ich gerade noch bei meinen ersten Schreibversuchen war. Aber hinter Perfektion steckt Angst: Ich wollte perfekt sein – aus der Angst heraus, nicht gut genug zu sein. Perfektionismus war meine Go-to-Strategie, um mich vor negativem Feedback zu schützen.

! **Perfektion liegt immer im Auge des Betrachters.**

Es wird immer jemanden geben, dem es nicht passt, was du tust und sagst – egal, wie »perfekt« es sein mag. Und wenn es kein Externer laut sagt, dann findet deine innere Kritikerin etwas Optimierungswürdiges.

Den Perfektionsdrang aufzugeben, bedeutet nicht, schlechte Arbeit zu leisten. Es bedeutet aber, Sachen auch imperfekt in die Welt zu bringen, um ihnen dann den nötigen Feinschliff zu geben. Nicht realisierte Träume machen dich vielleicht nicht angreifbar, aber eben auch nicht glücklich.

Ein imperfekter Start ist keine Aussage darüber, was zukünftig möglich sein wird und wie gut du in ein paar Monaten und Jahren sein wirst. Es braucht Zeit und kontinuierliche Übung, um wirklich gut in deiner »Kunst« zu werden – sei das nun das Schreiben, Kommunizieren, Konzipieren oder Verkaufen. Keine Meisterin ist jemals vom Himmel gefallen. Wann immer deine Kritikerin sagt, du oder deine Arbeit sei noch nicht gut genug, erinnere dich daran, dass du auf dem richtigen Weg bist!

Nutze dein BeRUFungsprojekt als Imperfekt-Experiment und erlaube dir selbst, vier Wochen lang imperfekt etwas umzusetzen. Danach kannst du deinen Perfektionismus wieder einladen – solltest du ihn je vermisst haben. Hauptsache, du legst los!

BUSINESS JOURNALING

GIBT ES SCHMERZHAFTE ERFAHRUNGEN IN DEINER VERGANGENHEIT, DIE DAZU FÜHREN, DASS DU PERFEKT SEIN WILLST?

WAS MÖCHTEST DU DEM ANGSTVOLLEN ANTEIL IN DIR SAGEN?

WO KÖNNTE DICH PERFEKTIONISMUS BEI DEINEM BERUFUNGSPROJEKT BLOCKIEREN, UND WIE WIRST DU DICH DARAN ERINNERN, IMPERFEKT LOSZULEGEN?

GEH LOS, BEVOR DU DICH BEREIT FÜHLST

Wenn du dich gerade unsicher fühlst, dann glaube mir bitte: Das ist normal, und mit dir ist alles in Ordnung. Jede von uns fühlt das, wenn wir etwas Großes oder Neues beginnen. Wenn du dich dazu entschieden hast, deiner Berufung zu folgen, wirst du manchmal aus deiner Komfort- und Sicherheitszone geführt. Du musst dich nicht selbstsicher fühlen, um den nächsten Schritt zu gehen.

Erlaube dir, die Unsicherheit zu spüren, ohne sie bekämpfen zu müssen. Erzähl dir nicht, du bräuchtest Selbstvertrauen, um loszulegen. Selbstvertrauen ist nicht die Voraussetzung fürs Handeln, sondern dessen Ergebnis. Wenn du beginnst, deine Ideen Stück für Stück umzusetzen, wirst du immer mehr Selbstvertrauen gewinnen.

Erinnere dich daran: »Es ist okay, wie ich mich gerade fühle.« Gefühle sind Botschafter, die dir etwas mitteilen wollen, aber lass dich nicht von ihnen überrollen. Deine Unsicherheit zeigt dir nur, wie groß und wichtig der anstehende Wachstumsschritt ist.

WIE DU IN DREI SCHRITTEN EFFEKTIV MIT GEFÜHLEN UMGEHST

1. ÖFFNE DICH FÜR DEINE GEFÜHLE.

Stell dir vor, dein Körper ist ein wunderschönes starkes Gefäß, das *alle* Gefühle und alle dazugehörigen Gedanken in sich halten kann – selbst die stärksten und schmerzlichsten.

So wie der Himmel nicht das Wetter ist, sondern die Leinwand für dessen Schauspiel, bist du nicht deine Gefühle, sondern dein wunderbarer Körper ist nur deren Gefäß.

Erinnere dich wieder daran: »Es ist okay, wie ich mich gerade fühle.« Beobachte neugierig, was sich gerade in deinem Gefäß, in deinem Körper, zeigt. Ist der Inhalt dunkel und trübe oder strahlt er in den hellsten Gefühlsfarben? Wenn deine Gefühle eine Wetterlage wären: Ist es stürmisch, regnerisch, oder herrscht strahlender Sonnenschein?

Gefühle sind Botschafter, die dir etwas mitteilen wollen. Sei neugierig und frage dich, was dir deine Gefühle mitteilen möchten.

2. SCHAFFE INNERLICH PLATZ.
Nimm wahr, ob die Gefühle in dir gerade ausreichend Platz haben. Falls dem nicht so sein sollte, dann dehne dich aus. Als Gefäß deiner Gefühle kann sich dein Körper mit etwas Übung ausdehnen und immer genug Platz für alles schaffen, was sich in dir befindet. Auch wenn es manchmal nicht so wirkt, so kannst du doch alles halten, wenn du dein Gefäß weitest. Kein Gefühl ist zu groß, kein Gedanke zu dunkel für dich.

3. ERSCHAFFE SPRACHLICHE DISTANZ.
Oft haben wir uns einen Selbstdialog angeeignet, bei dem wir uns mit unseren Gefühlen identifizieren. Wir treffen Aussagen wie »Ich bin traurig«, als wären wir eins mit dieser Trauer, anstatt zu sagen: »Ich habe Trauer in mir.«

> **!** **Ja, du *hast* Gefühle, aber nein,**
> **du *bist* nicht deine Gefühle!**

ARBEITE MIT STATT GEGEN DEINE ZWEIFEL: DAS GEDANKENBOOTCAMP

Während ich dieses Buch schreibe, habe auch ich Selbstzweifel. »Schreiben ist ja nicht wirklich so dein Ding«, murmelt mir meine innere Stimme des Öfteren ins Ohr und erinnert mich an all die zähen Momente, in denen ich bereits vergeblich versucht hatte, etwas Sinnvolles zu Papier zu bringen.

Anders als es so oft in der Persönlichkeitsentwicklungsbranche propagiert wird, kannst du dir deine Gedanken nicht immer aussuchen. Sie kommen aus den Tiefen deines Unterbewusstseins an die Oberfläche und laden die dazu passenden Gefühle ungefragt mit ein.

Die Wissenschaft sagt, dass wir täglich 60.000 bis 80.000 Gedanken haben, ein größerer Teil negativ und in Dauerschleife. Und das ist auch gut so, denn wir, also du und ich, wären heute nicht hier, wenn unsere Vorfahren nicht evolutionär bedingt vorsichtig, risikoscheu und pessimistisch gewesen wären. Glücklicherweise laufen einem Säbelzahntiger heute nicht mehr allzu oft über den Weg, und du brauchst viele deiner Sorgen nicht mehr, um zu überleben. Wäre jetzt aber praktisch, wenn das unser Verstand endlich auch begreifen würde.

Es ist unwichtig, wie beliebt die positive Psychologie auch ist, wenn du (selbst-)kritische, bewertende oder pessimistische Gedanken hast, dann sagt das nur eines aus: Du bist ein Mensch. Und das ist auch gut so![52]

Deine kritische Stimme ist wie eine alte Bekannte, deren Aufgabe es ist, dir unzählige Versionen deiner »Ich bin nicht (gut) genug«-Geschichte zu erzählen. Sie versucht, dich davon zu überzeugen, dass deine Ideen und Kreationen nicht plausibel sind. Als exzellente Geschichtenerzählerin versucht sie, dich von deiner Unbedeutsamkeit zu überzeugen und von jeglichen Wagnissen abzuhalten.

Auch ich habe diese Stimme in mir. Früher versuchte ich oft, gegen sie anzukämpfen. Ich wollte sie eliminieren und weghaben. Doch Kampf führt niemals zu Frieden. Diesen aber mit deinen Zweifeln zu schließen, heißt nicht, sie gutzuheißen oder dich ihnen passiv hinzugeben. Frieden schließen bedeutet, ihnen zu erlauben, ihre Botschaft an dich zu überbringen, ihnen für diese zu danken und sie dann an ihren rechten Platz zu verweisen – also mit einer gesunden Distanz zu dir.

Ich nenne diese Fähigkeit, effektiv mit den eigenen Gedanken umzugehen, *Gedankenagilität*. Hierbei trainierst du, hinderliche Gedanken und Glaubenssätze zu beobachten und dich von ihnen gezielt zu distanzieren, statt ihnen blind zu glauben, um dich dadurch selbst zu sabotieren. Gedankenagilität umfasst Achtsamkeit, geht aber darüber hinaus, indem du bewusst auswählst, welchem Gedanken du folgen willst und welchem nicht.

Und das Beste daran: Jede hat diese Fähigkeit bereits in sich, und jede kann sie stärken!

Gedankenagilität ist uns allen bekannt, nur nutzen wir sie zu selten im Alltag gegen hinderliche Gedankengänge. Du bist in jedem Moment in einem von zwei Zuständen:

1. Du glaubst all deinen Gedanken und bist mit ihnen verschmolzen. Wie bei einer Brille blickst du durch sie auf dich und die Welt; oder

2. du hast Abstand zu deinen Gedanken, nimmst sie zwar wahr und kannst sie beobachten, aber schenkst ihnen nicht bei allem Glauben.

Keiner der beiden genannten Zustände ist besser als der andere. Es gibt viele Momente, in denen du mit deinen Gedanken verschmolzen sein möchtest: Sei es mitten im Arbeitsflow, beim Lesen eines guten Buchs oder in den Armen deiner Liebsten. In all diesen Szenarien ist es wunderbar, ganz mit der Situation und mit deinen Gedanken verschmolzen zu sein. Im Alltag passiert uns dies oft.

Allerdings haben wir uns daran gewöhnt, unsere Gedanken als »die Wahrheit« anzusehen, ohne sie zu hinterfragen. Wir glauben, was wir denken, und lassen uns von unseren Gedanken steuern. Dies ist per se kein Problem – es sei denn, es sind negative und selbstkritische Gedanken. Denn wenn hinderliche Gedanken und limitierende Glaubenssätze dein Handeln bestimmen, machst du dich klein, verpasst wichtige Chancen und lebst vielleicht sogar an deiner Berufung vorbei. Die gute Nachricht: Hinderliche Gedanken sind nicht das Problem, sondern nur der Glaube, den wir ihnen schenken.

GEDANKENSEIN		GEDANKENDISTANZ
Ich bin meine Gedanken.	**vs.**	Ich habe Gedanken.
Ich bin von ihnen eingenommen, in ihnen gefangen oder mit ihnen verstrickt.	**vs.**	Ich habe Abstand zu ihnen.

Warum das so gute Neuigkeiten sind? Weil sie bedeuten, dass du nicht all deine Selbstzweifel eliminieren musst, bevor du loslegen kannst. Wenn du übst, agiler mit deinen Gedanken umzugehen, kannst du auch ohne jahrelange, wenn auch manchmal wohltuende Therapie oder tiefes Soul-Searching deinem Weg folgen.

Als ich endlich gelernt hatte, mit meinen Gedanken besser umzugehen, musste ich nicht mehr gegen mich selbst kämpfen und kam in meine Kraft. Und das macht Gedankenagilität zu einer der wichtigsten Fähigkeiten für deinen beruflichen Weg. Ich würde sogar so weit gehen und sagen, dass es die eine Selbstführungsfähigkeit ist, die für mich den entscheidenden Unterschied gemacht hat. Nicht ohne Grund trainiert die Menschheit seit hunderten von Jahren, mithilfe aller möglichen Formen der Meditation und Kontemplation ihren Verstand.

Mediation ist eine von vielen Möglichkeiten, wie du Gedankenagilität explizit trainieren kannst: Beim Meditieren wählst du einen Fokuspunkt (wie Körper(-teil), Atem oder ein Mantra). Dann nimmst du wahr, sobald du dich in deinen Gedanken verlierst (und damit eins mit ihnen wirst), und lenkst deine Gedanken zurück auf den Fokuspunkt. So wirst du zum Beobachter deiner Gedanken und trainierst das Steuern deiner Aufmerksamkeit nach deinen Wünschen. Auf diese Weise verhilft dir die Gedankenagilität zu neuer Freiheit und einem neuen Level an Selbstwirksamkeit.

Im Alltag macht sich dies zusätzlich bemerkbar, weil du dich weniger ablenken lassen wirst – seien es süße Katzenvideos auf Social Media oder ein griesgrämiger Gedanke. Du merkst schneller, dass Gedanken dich von deinem Projektfokus weggelockt haben, und kannst dich wieder deiner eigentlichen Aufgabe zuwenden.

Zum Glück können wir diese Gedankendistanz nicht nur in Meditationen trainieren, sondern auch wunderbar im Alltag und beim Journaling. Wie bei allem – Übung macht die Meisterin, und die folgenden Übungen werden dir helfen, gedanklich agiler zu werden. Wann immer du von nun an störende Gedanken hast, nutze diese folgenden Übungen, um wieder einen gesunden Abstand zu gewinnen.

DEIN TRAININGSPLAN FÜR GEDANKLICHE DISTANZ

Wenn man im Arbeitsalltag mit den eigenen Gedanken verschmolzen ist, fällt es oft schwer, zu erkennen, wann Gedankenagilität angebracht wäre. Es gibt aber zwei Indikatoren, die dir aufzeigen, dass du deine Gedanken agil beobachten darfst:

a. sobald deine Stimmung kippt und du unangenehme Gefühle wie Frustration, Wut, Trauer, Demotivation oder Angst wahrnimmst;

b. sobald du nicht mehr das tust, was du tun wolltest.

Die Gedanken selbst verursachen keine unangenehmen Gefühle, sondern der Glaube an sie. Wenn du deinen eigenen negativen Narrativen (wie »Ich sollte endlich meine Berufung kennen«, »Es sollte schneller gehen« oder – der Klassiker – »Ich sollte mich anders fühlen«) glaubst, leidest du.

DAS MEISTERN DER GEDANKENAGILITÄT BEDARF ZWEIER SCHRITTE:
Schritt 1: Erkenne & benenne
Schritt 2: Schaffe inneren Abstand

#1: ERKENNE & BENENNE

Gedankenagilität startet mit dem Erkennen und Benennen. Der spirituelle Lehrer Eckhart Tolle sagt:
»Wann immer du in der Lage bist, deinen Verstand zu beobachten, bist du nicht länger darin gefangen. Du hast eine Kraft dazugewonnen, die nicht dem Verstand angehört: die beobachtende Gegenwärtigkeit.«[53]

Wenn wir mit unseren Gedanken verschmolzen sind, merken wir nicht, dass es auch eine Version von uns gibt, die dies nicht ist. Wie gesagt, im Alltag sind wir uns oft nicht unserer Gedanken

bewusst – daher hilft hier das Aufschreiben, um dir deiner Narrative bewusst zu werden. Das Erkennen ist der erste Schritt der Gedankenagilität und reicht oft aus, um im Arbeitsalltag wieder produktiv zu sein.
Zusätzlich lade ich dich dazu ein, deinen Gedanken zu danken – seien sie nun förderlich oder hinderlich. Deine Gedanken sind nicht gegen dich, sondern sie wollen dich schützen, damit dich bloß kein Säbelzahntiger erwischen kann.

Die Hitliste deiner Gedanken

Jede von uns hat eine persönliche Hitliste an Narrativen, die sie immer wieder abspielt. Diese zu kennen, hilft dir, sie als Gedankenmuster im Alltag schneller erkennen zu können (Schritt 1) und dadurch leichter Abstand zu gewinnen (Schritt 2).
Versuche also beim nächsten kritischen Gedanken mit einem »Danke, kenne ich schon« zu antworten und du wirst sehen, dass der Gedanke dich weniger einnehmen wird.
Finde für deine drei häufigsten Gedankenabfolgen einen passenden Titel. In einer meiner Coachingsessions haben wir den Gedanken »Ich schaffe das eh nicht« und »Das hat alles keinen Wert« den Titel »Lass-es-bleiben-Klassiker« gegeben. Vielleicht ist dein Verstand ja auch so kreativ wie der meines Klienten. Denn dessen Verstand erzählte ihm, er solle bloß nicht seine Ziele auf das Whiteboard schreiben, da es sonst alle sehen würden.

Was erzählst du dir gerade am häufigsten, was dich beruflich aber zurückhält?

a. Finde deine drei Top Storys, die du dir gerade beruflich erzählst. Was denkst du momentan über dich, deinen Fortschritt oder deine nächsten beruflichen Schritte?

1. ....

2. ....

3. ....

b. Stell dir vor, diese Story wäre ein Buchkapitel oder ein Kurzfilm. Welchen Titel würde sie bekommen? Finde einen knackigen, gerne auch humorvollen Titel.

c. Sei achtsam im Alltag und erkenne diese Story, wenn sie aufkommt. Wenn du das nächste Mal etwas aus deiner Lieblingsstory denkst, antworte ihr mit: »Ah, danke, da bist du ja wieder, [Titel]-Story«, und die Geschichte verliert mit der Zeit immer mehr ihre Kraft.

#2: SCHAFFE INNEREN ABSTAND

Wenn du die mentale Story in dem Moment wiedererkennst, reicht dies oft schon aus, um inneren Abstand zu gewinnen. Vor allem, wenn die Gedanken und Gefühle milder Natur sind. Sind deine Gedanken und die damit verbundenen Gefühle jedoch intensiver, braucht es den zweiten Schritt der Gedankenagilität.
Ich möchte dir hier verschiedene Methoden für diesen zweiten Schritt vorstellen. Probiere sie aus und integriere die jeweils passenden in deine persönliche Toolbox. Je nach Persönlichkeitstyp wird dir die ein oder andere Methode mehr zusagen.

Die agilen Sprachformeln

Wenn du deine Gedanken erkannt hast, schaffe einen gesunden Abstand mit Hilfe der Sprachformeln. Diese werden bereits seit langem erfolgreich in der Therapie und im Coaching eingesetzt und werden auch dir helfen.
Ergänze dafür einfach die folgenden Sprachformeln[54] nach deinem Bedürfnis und probiere es direkt aus:

Ich bemerke gerade den Gedanken, dass

Ich beobachte, dass mein Verstand mir erzählt, dass

Mein Kopf erzählt mir gerade die Story, dass

Ich erzähle mir gerade die Geschichte, dass

Übe dieses sprachliche Abstandgewinnen möglichst oft – auf Papier, mental in deinem Kopf oder laut ausgesprochen –, bis es zu einem Automatismus geworden ist. So werden dir zukünftig hinderliche Gedanken kaum mehr Probleme bereiten.

TIPP:
Damit dies eine neue Gewohnheit wird, kombiniere die Methode mit einer anderen Gewohnheit. Beispielsweise: Immer wenn du dir die Hände wäschst oder dir einen Tee aufsetzt, frage dich: »Was erzähle ich mir gerade …?«

Platziere eine visuelle Erinnerung mit den Satzanfängen neben dem Waschbecken oder Wasserkocher und rocke so immer weiter deine Gedankenagilität!

PS: Das ist das sogenannte Habit Stacking und funktioniert deshalb so gut, weil du auf bereits bestehende Gewohnheiten aufbaust.[54]

Gedanken sind Bilder und Wörter in deinem Kopf. Ja, manchmal sind es beängstigende Bilder, Wörter oder Erinnerungen, aber wenn wir üben, sie als das zu erkennen, was sie sind, verlieren sie häufig ihre Intensität. Bitte sei achtsam mit dir und wende die Gedankenagilität nicht sofort bei traumatischen Gedanken und Erinnerungen an, arbeite dich in der Intensität lieber langsam vor. Ein späterer Marathonläufer fängt auch nicht mit 42,195 Kilometern im ersten Training an.

Wichtig: Bei der Gedankendistanz geht es nicht darum, deine Gedanken wegzudrücken, zu bekämpfen oder sie zu verändern. Stattdessen wollen wir den Einfluss des Gedankens auf unser Verhalten reduzieren und lernen, neu mit ihm umzugehen.
Jetzt denkst du vielleicht: Aber sollten wir »negative« Gedanken nicht vermeiden, also sie gar nicht mehr haben? Aber unsere innere Kritikerin ist und wird immer Teil unserer Psyche sein – da kannst du dich noch so sehr bemühen, bestimmte Gedanken zu eliminieren. Es stimmt, dass Gedanken einen sabotierenden Effekt auf uns haben, aber eben nur, wenn wir sie als Wahrheit annehmen. Ein hinderlicher Gedanke ist nicht destruktiv, wenn wir ihn mit gesundem Abstand beobachten.[56]

DIE LEG-LOS-CHECKLISTE

- ◯ Ich nehme mir Zeit fürs Journaling, um meine Erlebnisse und Erkenntnisse in meinem Notizbuch zu reflektieren.
- ◯ Ich lasse das Planen los und finde Klarheit im Tun.
- ◯ Ich entscheide mich für ein vierwöchiges BeRUFungs-projekt (auch wenn ich nicht ganz sicher bin, ob die Idee gut genug ist).
- ◯ Ich erlaube mir, imperfekt und amateurhaft zu starten.
- ◯ Ich erinnere mich daran, dass es okay ist, sich noch nicht bereit zu fühlen.
- ◯ Ich schärfe meine Gedankenagilität, indem ich kritische Gedanken mit der Formel »Mein Kopf erzählt mir …« in mein Journal schreibe.
- ◯ Ich lasse mich von Ausreden und guten Gründen nicht vom Loslegen abhalten.
- ◯ Ich folge mutig meiner Berufung – Schritt für Schritt!

Teil 5

ERSCHAFFE DEINEN EIGENEN PFAD

GIB DIR RAUM ZUM AUSPROBIEREN

Vielleicht bist du auch mit der Idee aufgewachsen, dass eine »frühe Spezialisierung der Schlüssel zum Erfolg« sei. Ich verspürte schon in jungen Jahren den Druck, endlich »mein Ding« zu finden und mich möglichst früh darauf zu konzentrieren.

Und ja, es gibt Menschen, die wissen gefühlt schon immer, was ihre Berufung ist. Die Designerin, die, seit sie denken kann, malt und zeichnet. Oder die Ärztin, die schon als Kind wusste, dass ihr Herz fürs Helfen schlägt. Die Hundetrainerin, die mit Hunden aufgewachsen ist und genau das ihr Leben lang machen wollte. Das ist oft ein wunderbares Geschenk, aber auch nicht immer leicht, vor allem wenn Vorstellung und Realität nicht übereinstimmen.

In *The Anatomy of a Calling* beschreibt Dr. Lissa Rankin, wie der Berufsalltag im Gesundheitsystem ihr Doktorherz brach: dass sie nie genug Zeit für ihre Patientinnen hatte und sich weder Mitgefühl noch Empathie leisten konnte, um ihre meist mehr als zwölf Stunden dauernden Schichten energietechnisch überstehen zu können. Sie gab ihre hart erkämpfte Stelle als Medizinerin auf, um ihrem Heilruf auf eine für sie stimmige Weise zu folgen. Heute hat sie ein eigenes Trainingsinstitut aufgebaut, ist Autorin und lehrt ihr alternatives Gesundheitsmodell anderen interessierten Ärztinnen.[57] [58]

Da du dieses Buch gerade in den Händen hältst, wirst du mit größter Wahrscheinlichkeit nicht zu dieser kleinen Gruppe Menschen gehören, die einen klaren, gleichbleibenden Ruf hat. Willkommen im Club! Die gute Nachricht: Es hat auch Vorteile, sich nicht früh oder gar nicht auf einen Beruf festzulegen!

In *Es lebe der Generalist!* beschreibt David Epstein, dass sich viele der erfolgreichsten Persönlichkeiten erst später im Leben auf einen Ruf festlegten, was sie letztlich erfolgreich machte: Der weltbekannte Schweizer Tennisstar Roger Federer spielte als Jugendlicher viele Sportarten, anstatt sich klassisch im Kindesalter auf Tennis festzulegen. Diese lange Ausprobierphase gab ihm nicht nur die notwendige Zeit, um herauszufinden, wofür sein Herz am meisten schlug, sondern es erlaubte ihm auch, äußerst nützliche Bewegungsabläufe anderer Sportarten zu erlernen. Die späte Spezialisierung brachte ihm wertvolle Wettbewerbsvorteile und machte ihn zu dem, der er heute ist: Gewinner von insgesamt zwanzig Grand-Slam-Titeln und damit einer der erfolgreichsten Tennisspieler der Geschichte.[59] Denn so erwirbt man die Fähigkeitsvielfalt. Jede Erfahrung – sei sie gut oder schlecht – stattet dich mit neuen Fähigkeiten aus, und wer weiß, wofür sie gut sein werden. Apple-Gründer Steve Jobs hätte niemals vorausahnen können, welchen Einfluss der Kalligraphiekurs auf die Apple-Computer haben würde.

Keine Erfahrung ist wertlos, und alles, was du erlebt hast, macht dich zu der wertvollen Person, die du heute bist. Du darfst dir Zeit zum Ausprobieren, Ideensammeln und Erkunden geben – selbst wenn es einige Monate, Jahre oder auch dein ganzes Berufsleben lang dauert.

Mosaikkarrieren sind keine Schande, im Gegenteil, sie verdrängen zunehmend die klassische berufliche Laufbahn, so die *Karrierebibel*. In einer solchen verläuft deine Karriere nicht linear (Jahrzehnte lang bei einem Ausbilder und Arbeitgeber), sondern du hast abwechslungsreiche bunte Jobs und Berufsstationen, die ohne ersichtlichen roten Faden wechseln.[60]

In unserer Welt voller Spezialisten kann es schwer sein, sich die Zeit zu schenken, verschiedene Sachen auszuprobieren, weil man denkt, man wirke dann sprunghaft. Dem ist nicht so. Gönne es dir! Sei wild! Spiele herum! Probiere dich aus!

Hier meine Empfehlung:

+ Setze eine Idee oder Berufsoption, die du ausprobieren möchtest, als vierwöchiges BeRUFungsprojekt um.

+ Reflektiere die Erfahrung: War es wie erhofft? Was sagt dir dein Gefühl/dein Kopf? Was passt noch nicht, und wie könntest du das beim nächsten Projekt anders machen?

+ Wenn die Idee in die passende Richtung geht: Starte ein darauf aufbauendes BeRUFungsprojekt und experimentiere mit kleinen Veränderungen. Passt zum Beispiel der Beruf der Fotografin, aber Babys als Modelle nicht? Dann könntest du dich im aufbauenden BeRUFungsprojekt mit Erwachsenenportraits versuchen.

+ Wenn du eine getestete Idee komplett über den Haufen werfen willst, dann nur zu. Dafür war das Austesten da. Starte ein neues BeRUFungsprojekt mit einer anderen Idee, die dir im BeRUFungsmodell in den Kopf kam.

Gib dir Raum zum Ausprobieren. Du brauchst genau diese Phase, um zu wissen, was wirklich zu dir passt! Mache ein, zwei oder einhundert BeRUFungsprojekte nacheinander. Probiere einen Job aus, und wenn du den Ruf zum Wechseln hörst, dann tue es. Dafür braucht es nur deine Erlaubnis, und du kannst all das verfolgen, was dich beruflich anzieht – ganz ohne Risiko mit Hilfe der BeRUFungsprojekte.

BUSINESS JOURNALING

MACHE DIR EINE MIND-MAP ZUM THEMA:

Wenn ich alle Zeit der Welt hätte, würde ich Folgendes ausprobieren ...

DU MUSST DICH NICHT AUF EINE SACHE FESTLEGEN

Was, wenn du viel ausprobiert hast und dich dennoch nicht entscheiden kannst? Das ist gar kein Problem! Ich habe in meiner bisherigen Laufbahn mehrfach versucht, mich auf nur eine Sache festzulegen. Doch dabei gab es ein großes Problem: Meine Interessen wechselten. Einen Monat war ich Feuer und Flamme für das Thema Produktivität, im nächsten Monat für das Thema Intuition. Ich war clever, ambitioniert, und trotzdem konnte ich mich nicht nur auf eine Sache fokussieren. Innerlich klagte ich mich an, bis ich dank Barbara Shers Buch *Du musst dich nicht entscheiden, wenn du tausend Träume hast* eines erkannte:

Es gibt Menschen, die können und wollen sich niemals spezialisieren. Und das müssen sie auch nicht!

Ich selbst nenne solche Menschen »multipassionierte Persönlichkeiten«: Sie haben viele Interessen, finden die Vorstellung furchtbar, nur eine Sache machen zu müssen, lernen schnell und lieben es, sich in neue Gebiete und Themen einzuarbeiten. Das bedeutet nicht, dass Spezialisten nicht auch schnell lernen und kreativ sind. Der Unterschied liegt in der Interessensbreite.

Wir können zwischen zwei Arten von Multipassion unterscheiden: der zyklischen und der fortlaufenden. Hast du eine zyklische Multipassion, so kehrst du zu deinen Interessensgebieten in bestimmten Abständen immer wieder zurück, wie das Meer, das kommt und geht. Dein Entdeckerdrang richtet sich dabei nicht auf immer neue Gebiete, sondern kreist um mehrere relativ konstante Interessen herum, die du kultivierst. Genau diese Art von Persönlichkeit habe auch ich: mit den Themen Persönlichkeitsentwicklung, Unternehmertum und Gesundheit.

Im Kontrast dazu gibt es Menschen mit fortlaufender Multipassion: Sie lieben das komplett Neue und kehren kaum oder nie zu abgelegten Interessen zurück. Das tun sie nicht nur bei einem Aspekt ihres Lebens, weil es nicht der richtige Beruf oder das passende Hobby war, sondern es zieht sich als klares Muster durch ihr gesamtes Leben. Vielleicht kennst auch du Menschen, die einen komplett bunten Lebenslauf haben und alle paar Jahre ihre Berufung von Grund auf wechseln.

Und weil der geradlinige Lebenslauf inzwischen ziemlich passé ist, fordert uns Karolin König-Baykan zu Folgendem auf:

»Es ist Zeit, dass wir den Karrierebegriff neu prägen: Verstand man bisher unter Karriere den erfolgreichen Aufstieg im Beruf, ist das jetzt nicht mehr zeitgemäß. Karriere machen wir nicht nur, indem wir die Karriereleiter erklimmen, Titel und mehr Geld bekommen und im schlimmsten Fall Ziele verfolgen, die gar nicht unsere eigenen sind.«[61]

Statt linearen Karrieren werden neue Karrieremodelle immer beliebter: wie die Portfoliokarriere. Hier lebst du beruflich mehrere Berufe und Rollen gleichzeitig aus – in allen Varianten des Karriereregenbogens: angestellt wie auch selbständig, oder beides zusammen.

Du könntest dir eine Portfoliokarriere wie meine Coachingkollegin Diana Bär erschaffen: Sie lebt ihre Leidenschaft als selbständige Traurednerin aus, bietet Coaching und Beratung an und ist zusätzlich in Teilzeit als Karrierecoach angestellt. Ach, und nicht zu vergessen: Zweifache Mama ist sie auch.

Diana erzählte mir, dass sie lange das Gefühl hatte, sie mache zu viel Verschiedenes, bis sie den roten Faden, den »Wesenskern«, wie sie es nennt, erkannte, indem sie sich fragte: Was haben Frauencoaching, Start-up-Beratung und Traureden gemeinsam? Die Begleitung von Menschen in Veränderungen.

Karriereexpertin Svenja Hofert nennt diese Menschen »Vielstärken«-Menschen, weil sie viele ausgeprägte Stärken haben. Auch hier musst du keine »einzige Sache finden, weil es sich so gehört«, sondern es geht stattdessen darum, »etwas zu finden, das im Moment passt und das sich in Zukunft gut erweitern lässt«.[62] Wie du siehst: Dein Portfolio kann bunt sein und sollte nach deinen Wünschen zusammengestellt werden.

Am Anfang meiner Selbständigkeit glaubte ich, ich müsste mein Coachingbusiness in Vollzeit machen, und baute mir einen extremen Druck auf. Doch wer sagt, dass es das Ziel eines jeden Selbständigen sein sollte, das Business in Vollzeit auszuüben? Ein Portfolio aus Anstellung und Selbständigkeit wird dafür immer beliebter. Als sogenannte Sidepreneurin (nebenberufliche Gründerin) nimmst du dir jeglichen Finanzdruck und arbeitest in der für dich passenden Geschwindigkeit, das können einige Monate oder Jahre sein – oder sogar für den Rest deines Berufslebens.

Aber was schreibst du als multipassionierte Persönlichkeit auf deine Visitenkarte? Diana handhabt das ganz einfach: »Stell dir vor, du hast nicht nur eine, sondern einfach zwei oder drei Visitenkarten.«[63] Online kannst du dann für die verschiedenen Bereiche unterschiedliche Kommunikationskanäle nutzen. Du musst nicht überall mit allem vertreten sein – das wäre auch menschenunmöglich.

HAST DU EINE MULTIPASSIONIERTE PERSÖNLICHKEIT?

Finde es mit dem Tendenztest heraus.[64 65]

	EHER JA	EHER NEIN
Es gibt so viele Sachen, die ich liebe – ich möchte keine davon auslassen!		
Ich langweile mich, sobald ich weiß, wie man etwas macht.		
Ich ziehe mich von dem zurück, was ich mache, weil ich befürchte, etwas Besseres zu verpassen.		
Ich fange mit einer neuen Idee an, bevor ich die letzte fertiggestellt habe.		
Ich habe viele, scheinbar unzusammenhängende Interessen.		
Ich finde den Gedanken, mich für den Rest meines Lebens auf ein einzelnes Thema zu konzentrieren, entsetzlich.		
Ich interessiere mich primär für die Ideenphase und ich langweile mich, wenn es um die Umsetzung geht.		

Je mehr Aussagen du mit einem klaren Ja beantwortest, desto ausgeprägter ist deine Multipassion. Hier geht es nicht um schwarz oder weiß, sondern um die Tendenz zur Multipassion als ausgeprägtes Persönlichkeitsmuster. Es sind die Nuancen und Details, die du ergänzt, die wichtige Puzzleteile für deinen passenden Weg sind. Berufliche Erfüllung kommt, wenn du deine Persönlichkeit als Stärke auslebst und das für dich passende Karrieremodell kreierst.

BUSINESS JOURNALING

AUF EINER SKALA VON 1 BIS 10: WIE STARK TENDIERST DU ZUR MULTIPASSION?

1	2	3	4	5	6	7	8	9	10

SIND DIESE INTERESSENSGEBIETE ODER IDEEN IMMER WIEDERKEHREND ODER VERFLIEGEN SIE VOLLSTÄNDIG? WENN ERSTERES DER FALL IST: IN WELCHEM RHYTHMUS?

Welche individuellen Muster nimmst du in dir noch wahr?

KÖNNTE EINE PORTFOLIOKARRIERE KURZ- ODER SOGAR LANGFRISTIG ZU DIR PASSEN? WIE SÄHE DEIN IDEALES PORTFOLIO FÜR DICH AUS?

DEFINIERE DEINE VISIONSSÄULEN

Immer wieder hörte ich, ich bräuchte eine detaillierte, erkennbare Vision meiner Zukunft, und fühlte mich daher regelmäßig schlecht, weil ich keine detaillierte Antwort liefern konnte. Wie wäre es also, wenn wir die Story losließen, dass wir eine dreiseitige Bilderbuchvision unserer Karriere brauchen? Die Suche nach der perfekten Vision ist oft eine Ausrede deines die Komfortzone liebenden Verstandes – Nachdenken ist schlicht leichter als die Umsetzung.

Wenn du zu den Menschen gehörst, die eine klare Vision ihrer Zukunft haben, dann herzlichen Glückwunsch! Nutze sie, lebe sie, lass dich von ihr führen. Solltest du sie aber nicht haben, dann willkommen im Club! Du brauchst sie aber auch nicht. Stattdessen möchte ich dir hier eine Alternative anbieten: die Visionssäulen.

Visionssäulen sind die Stützpfeiler deiner Karriere: Sie geben dir Halt und bilden das Fundament für zukünftige Berufsentscheidungen – selbst wenn du nicht alle Details kennst oder keinen genauen Plan hast.

Deine Säulen bauen auf dem auf, was du bereits in den letzten Kapiteln erarbeitet hast: Aktivitäten, die dir Freude bringen, deinen Superkräften sowie Lifestyle-Elementen. Sie können aber auch andere Aspekte und Wörter beinhalten, wie Natur oder Tiere.

Für meine Säulen reflektierte ich, was mich bisher beruflich am meisten erfüllt hatte: Ich dachte an all die Projekte, all meine bisherigen Ideen und an meinen beruflichen Wunschalltag – daraus braute ich mir meine persönlichen vier Säulen meiner Berufung.

Die ersten drei Aspekte – Kreieren, Entdecken und Verbinden – sind erfüllende Tätigkeiten, zu denen ich mich in Bezug auf meine Arbeit berufen fühle.

1. **Kreieren:** Eine erfüllte Karriere umfasst für mich, dass ich in jetzigen und zukünftigen Projekten erschaffen kann – Bücher, Kurse, Shows ... alles, was mein kreatives Herz begehrt.

2. **Entdecken:** Ich möchte in meiner Karriere Neues entdecken – neue Erkenntnisse, neue Orte, neue Menschen –, um andere

damit wachsen zu lassen und auch mich selbst weiterzuentwickeln.

3. **Verbinden:** Ich möchte Menschen mit neuem Wissen und mit sich selbst verbinden, ich möchte unterschiedliche Ideen und Themenbereiche miteinander verknüpfen, um so wiederum Neues zu schaffen.

4. **Frieden.** Der vierte Punkt ist übergreifender, daher befindet er sich im Kreis.

Es gibt viele verschiedene Möglichkeiten, diese vier Aspekte beruflich zu leben. Und genau diese Offenheit wird dir im Alltag helfen, dich agil auf dem sich verändernden Arbeitsmarkt zu bewegen, neue Chancen wahrzunehmen und zu ergreifen.

Du brauchst keine klare Vision, wie dein Job oder dein Business in fünf Jahren aussehen soll, welche Farbe dein Auto haben wird oder mit welchem Kleid du in welchem Büro sitzen wirst. Wenn die Vision klarer wird – wunderbar. Wenn nicht, dann reichen deine Säulen aus, um beruflich voranzukommen.

Sobald du deine Säulen gefunden und definiert hast, fragst du dich bei jeder kommenden Entscheidung:

HILFT MIR DIESER NÄCHSTE BERUFSSCHRITT DABEI, MEINE SÄULEN ZU LEBEN?

In meinem Fall: Kann ich dadurch mehr erschaffen, entdecken, spannende Punkte miteinander verbinden oder mich mit tollen Menschen vernetzen?

Lautet die Antwort ja und fühlt sich der Schritt stimmig – wenn vielleicht auch beängstigend – an, dann wage den Schritt. Lautet sie nein, so kannst du dankend ablehnen und dich gut damit fühlen.

BUSINESS JOURNALING

Was sind deine Visionssäulen? Betrachte deine Superkräfte und die Aktivitäten, die dir Freude bereiten. Notiere dir alles, was dir intuitiv in den Sinn kommt. Schau gerne auch noch einmal auf deine Antworten im jeweiligen Kapitel des BeRUFungsmodells.

BERUFLICHE TÄTIGKEITEN, DIE MEINEN SUPERKRÄFTEN ENTSPRECHEN, SIND ...

BERUFLICHE AUFGABEN, DIE ICH LIEBE UND DIE MIR FREUDE BRINGEN, SIND ...

AUSSERDEM NOCH ESSENZIELL FÜR MEINE PERSÖNLICHE ERFÜLLUNG IST ...

ERSTELLE HIER DEINE ERSTE VERSION DEINER VISIONSSÄULEN.

Wie schon zuvor: Keine Antwort ist final oder in Stein gemeißelt.

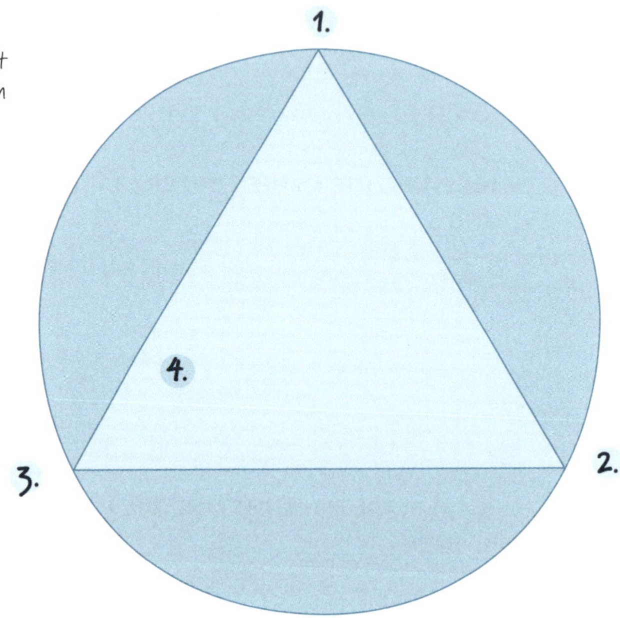

BESTIMME DEINE BANDBREITE – GANZ OHNE RICHTIG ODER FALSCH

Wenn du dich innerlich dazu aufgerufen fühlst, dein eigenes Business zu starten, dann taucht oft das Thema der Nische auf. Auch hier wirst du immer wieder den Rat hören: Spezialisiere dich und wähle eine spitze, also eine genau definierte Nische mit einem engeren Themen- und/oder Zielgruppenfokus. In einem Nischenbusiness würde ich Coaching für hochsensible Frauen in ihren Dreißigern anbieten, oder du wärest Ernährungsexpertin für veganes Essen für Familien mit kleinen Kindern.

Aber ist das für jede wirklich das Richtige? Meine Freundin und Personal-Branding-Expertin Marina Zayats erläuterte mir im Gespräch, dass die passende Karrierebreite von den eigenen individuellen Karrierezielen abhänge: Definierst du also Businesserfolg als große Bekanntheit mit einer großen Community? Wenn ja, dann brauchst du eine breitere Positionierung und ein Thema für die breitere Masse.

Möchtest du aber lieber ein erfolgreiches Unternehmen aufbauen, in dem du mit weniger Kunden, dafür aber intensiver zusammenarbeitest, dann wähle eine spitzere Nische. Der Charme daran: Du kannst schneller ein Feld dominieren, wenn es klein genug gewählt ist.

Mein Freund Tomas Herzberger hat genau dies getan: Nachdem er sich selbständig gemacht hatte, fokussierte er sich auf die spitze Nische »Growth Marketing«. Dabei geht es darum, mit Hilfe datenbasierter Tests schnell und effizient neue Wachstumshebel zu finden. Dank seines Erfolgs wurde er in dieser spitzen Nische »schnell« als Growth-Marketing-Experte wahrgenommen, schrieb dann dazu mit einem interessierten Verlag das Buch *Growth Hacking* und dominiert seither das Feld.[66]

Ist die spitze Nische groß und lukrativ genug, kann dies ein guter Weg sein, deinen klaren Herzensruf selbständig umzusetzen. Doch auch wenn die Bekanntheit und die Community ein Teil deines Rufes sind, so haben viele der bekannten Persönlichkeiten spitz und fokussiert begonnen: Obwohl Laura Malina Seiler als spirituelle Lehrerin unter dem Dach der »Modernen Spiritualität« über viele unterschiedliche Themen – von Business bis hin zur Beziehung – spricht, schaffte sie 2016 den großen Durchbruch mit ihrem klaren Fokus auf morgendliche Meditation: Im *7AM CLUB* öffnete sie viele Monate lang jeden Morgen um sieben Uhr im Schneidersitz meditierend die Herzen ihrer wachsenden Fangemeinde.[67] Ihre weiteren Interessensthemen baute sie um ihre Meditationsnische herum. Heute wird sie vom Magazin *Grazia* als die »junge Oprah Winfrey Berlins« bezeichnet und spricht über alles Schöne, was ihr Herz bewegt.[68]

Die perfekte »Breite« deiner Berufung hängt aber immer auch von deiner persönlichen Präferenz ab. Ein zu eng gewählter Fokus kann schnell langweilen, erklärte meine Coachingkollegin Julia Colella: Wird das Businessthema langweilig, dann behindert dies den Fortschritt, statt ihn zu fördern. Auch aus Marketingsicht ist ein enger Fokus nur dann vorteilhaft, wenn er von Dauer ist. Wechselst du ständig deinen nischigen Fokus, so verwässert deine Markenbotschaft, was den ursprünglichen Marketingvorteil der Spezialisierung erlöschen lässt.[69]

Wenn du merkst, dass du dich nicht auf ein Thema oder eine Zielgruppe festlegen kannst, dann erschaffe für dich beispielsweise eine Portfoliokarriere oder verbinde mehrere Themen unter einem Dach und entwirf damit eine ganze neue Nische.

Genau so hat es Unternehmer und Podcaster Timothy Ferriss gemacht: In seinem bereits erwähnten Buch *Die 4-Stunden-Woche* verknüpft er Unternehmertum mit Lifestyle-Design, indem er seinen Leserinnen hilft, durch automatisierte Unternehmungen ihren Traumlebensstil zu entwerfen. Er schuf damit nicht nur eine neue, von ihm dominierte Nische, sondern eine ganze Bewegung.[70]

Aber selbst wenn du dich auf ein Thema spezialisiert hast – sei es in der Selbständigkeit oder in einer Anstellung –, kannst du dich immer wieder neu erfinden. Wie Mel Wells: Nachdem sie sich erfolgreich im Verlauf vieler Jahre als Food-Influencerin etabliert und sogar zwei dazu passende Bücher veröffentlicht hatte, hörte sie den Ruf der Veränderung. Sie folgte ihm, reduzierte schrittweise das Ernährungsthema und verschob ihren Fokus auf Selbstliebe. Mittlerweile hat sie komplett ihr Businessthema geändert: von der Veganes-Essen-Nische zur Selbstliebe und schließlich hin zu Sexualität und Weiblichkeit. Auch hier gilt eben wieder: Keine Fokussierung oder Spezialisierung muss für immer sein. Du kannst jederzeit deinem inneren Ruf folgen und eine neue Richtung einschlagen.[71]

Ich habe erfolgreiche Menschen kennengelernt, die sich früh, spät oder gar nicht spezialisiert haben. Vor allem Letztere haben immer mehrere Sachen gleichzeitig getan oder auch verschiedenste Berufe nacheinander. Es gibt nicht das eine perfekte Karrieremodell oder die eine perfekte Businesspositionierung. Es gibt nicht den perfekten Weg. Es gibt nur deinen Weg, der zu dir passt. Hör auf deinen inneren Ruf, hol dir auch gerne externe Ratschläge, um neue Perspektiven zu bekommen, aber vertrau am Ende immer auf dein Gefühl. Dein Inneres kennt den Weg.

WENN ICH EIN EIGENES BUSINESS STARTEN WÜRDE, WAS WÄRE DAS THEMA ODER DIE THEMEN?

MIT WEM WÜRDE ICH GERNE ARBEITEN?

WELCHE PRODUKTE ODER SERVICES KÖNNTE ICH ENTWICKELN UND ANBIETEN ODER WELCHE PROBLEME KÖNNTE ICH LÖSEN?

SEI NICHT NUR GUT, SONDERN ZEIG ES AUCH!

Meine gute Freundin und Personal-Branding-Expertin Marina Zayats sagt gerne: »Gut sein alleine reicht nicht, andere müssen es auch sehen«[72] – und sie hat recht! Also zeig deine Ideen, zeig deine Arbeit und zeig dich mit deiner Berufung. Es ist egal, ob du bereits Expertin bist oder dir gerade neue Expertise erarbeitest. Beides ist wertvoll, will geteilt und gezeigt werden. Zeig dich, wenn du selbständig bist, aber zeig dich auch, wenn du angestellt bist, oder es sein möchtest.

Das geht sowohl online als auch offline und wird dir helfen,

+ Gelerntes zu vertiefen und deine Expertise (weiter) aufzubauen. Nichts ist so lehrreich, wie die eigenen Ideen an andere weiterzugeben;

+ eine Community aufzubauen und Freunde zu finden. Deine Community müssen nicht Tausende von Fans sein – außer du möchtest das –, sondern können auch Gleichgesinnte sein, die später Freunde werden und dich im Gegenzug inspirieren und weiterbringen;

+ deine Schreib- und Sprachfähigkeiten zu schärfen, die dir bei allen jetzigen und zukünftigen Plänen zugutekommen.

Vielleicht fällt es dir gerade noch schwer, über dich zu sprechen und deine Ideen zu teilen. Das ist okay. Es geht hier nicht um eine egozentrische Selbstdarstellung, sondern darum, den eigenen Wertbeitrag möglichst sichtbar und zugänglich für andere zu machen.

Marina ergänzt: »Das bedeutet nicht, dass man alle Bescheidenheit über Bord wirft, sondern versteht, wo sie angebracht ist und in welcher Form und wo eben nicht.«[73] Du musst und sollst dich nicht als besser verkaufen, als du es bist. Aber wenn du deinen tatsächlichen Wert aus Scham und falscher Bescheidenheit versteckst, so bleibt nicht nur dein Potenzial ungenutzt, sondern er geht für andere verloren, die von dir profitieren könnten.

Seien es Vorstellungs- oder Verkaufsgespräche, Start-up-Pitches oder Kennenlernrunden – die Menschen wollen von dir hören. Dabei musst du nicht die in deinen Augen beste oder interessanteste Person im Raum sein, um einen Wert zu erschaffen. Du hilfst niemandem – auch nicht dir selbst –, wenn du dein Licht, deinen Wert, deine Talente und Fähigkeiten vor der Welt versteckst. Daher: Teile deine Expertise im eigenen Netzwerk und in dem von anderen, um deine Berufung in die Welt zu bringen!

Starte ein eigenes Profil auf einem deiner bevorzugten Social-Media-Kanäle und teile dort dann regelmäßig deine Ideen und Erfahrungen. Launche deinen eigenen Podcast oder initiiere dein eigenes Meet-up. Du kannst auch andere interviewen, um deine Expertise weiter aus- und aufzubauen. Zeig dich auch über die Kanäle bei anderen: Biete aktiv an, Podcasts, Blogs oder Social-Media-Kanäle von anderen mit einem Interview oder Gastbeitrag zu bereichern, oder finde Menschen, auf deren Veranstaltungen du sprechen kannst.

Du musst nicht überall sein und 24/7 posten, um dich zu zeigen. Mach es dir einfach, indem du maximal ein oder zwei Plattformen oder Kanäle auswählst, die zu deiner Berufung passen, und dort beginnst, dich regelmäßig, aber kontinuierlich zu zeigen. Finde, was zu dir passt und dir Freude bringt. Marina sagte zu mir: »Ich lasse lieber andere über mich posten, als über mich selbst dauernd zu schreiben.« Das macht sie, indem sie sich bei anderen zeigt, die dann wiederum über sie schreiben und berichten.

Es gibt unendlich viele Möglichkeiten, dich zu zeigen und der Welt dabei mit deinen Gaben noch etwas Gutes zu tun. Deine Stimme wird gebraucht – auch wenn du denkst, es gäbe schon genug andere, die das Gleiche zu sagen haben.

»ZEIG DICH«-BINGO!

Auf LinkedIn einen Post zu meinen drei wichtigsten Erkenntnissen teilen (z. B. »Meine drei wichtigsten Erkenntnisse als Social-Media-Beraterin«)	Eine Person aus meinem Netzwerk kontaktieren und ihr meine Expertise anbieten
Ein Bild meiner drei Lieblingsratgeber auf Instagram teilen und dazu meine Erkenntnisse als kurzen Beitragstext posten	Meine Meinungen und Ideen im nächsten Meeting vor der Gruppe teilen
Meinen eigenen Blog auf Medium, wordpress.com oder Squarespace starten	Einen Miniworkshop für meine Kolleginnen zu einem meiner Expertenthemen anbieten

Auf Social Media
unter einem beruflichen
Themenvideo meine
Erfahrung(en) teilen

In Instagram-Storys
meiner beruflichen
Vorbilder meine Ideen
und Erfahrungen teilen

Jemandem aus
meinem Netzwerk eine
nützliche Ressource
zusenden
(z. B. Buchempfehlung,
Podcast-Folge, Blog-
artikel)

Im WhatsApp-Status
meine derzeitigen
BeRUFungsprojekte teilen

Auf Instagram
live gehen und meine
drei wichtigsten Berufs-
entscheidungen teilen

Auf Clubhouse einen Talk
mit einer Social-Media-
affinen Kollegin über ein
berufliches Thema halten

ZEIG DICH IMPERFEKT, ABER ZEIGE DICH

Du musst nicht perfekt sein, um für andere von Nutzen zu sein. Du brauchst keine Heldin zu spielen oder so zu tun, als wärst du weiter, als du es bist. Zeig dich mit dem, was du bist, und mit dem, was du hast. Es ist wertvoll, den Weg mit anderen zu teilen, den du gehst, um deine Berufung zu leben. Teile dein BeRUFungsprojekt mit anderen, zeig deine Vorgehensweise und Schritte in den neuen Job oder ins neue Business.

Zeig dich mit dem, was du gerade hast und machst. Versuch nicht, perfekt zu sein, sondern einfach nur echt. Du bist genug. Du bist wertvoll. Vertraue auf dein Sein. Auf deine Wirkung – ganz ohne dich zu verstellen. Es ist nur die Unsicherheit in dir, die denkt, du müssest erst noch mehr lernen, noch mehr verstehen oder anders sein, bevor du dich zeigen und anderen etwas geben kannst. Aber das stimmt nicht. Warte nicht auf den Zeitpunkt, an dem du denkst, dass du eine fertige Expertin bist, bevor du mit deinen Ideen in die Welt trittst. Die Menschen, die sich zwei Schritte hinter dir befinden, warten nur darauf, von dir zu lernen. Diejenigen, die direkt neben dir sind, werden dich finden, und ihr könnt gemeinsam eurer Berufung folgen.

Warte auch nicht darauf, dass deine Ideen und Kreationen fertig ausgereift sind. Erwarte nicht, dass all deine Ideen komplett neu sein müssen, um wertvoll zu sein. Geniale Ideen werden nicht im Kopf einer einzelnen Person erschaffen, sondern in den Köpfen vieler Menschen, die sich gegenseitig inspirieren, voneinander lernen und Ideen weiterentwickeln.[74] Das, was du als neu bei anderen erlebst, ist auch nicht neu, sondern eine neue Kombination aus bereits existierenden Ideen.

Du brauchst keine neuen Zutaten, um ein neues Rezept zu erstellen[75] – all die Menschen, die mich und dieses Buch inspiriert haben, haben ebenfalls von anderen gelernt, deren Ideen übernommen und weiterentwickelt. Sie haben vielleicht geniale Ideen, aber sie sind keine Genies – und du musst es auch nicht sein.

Autor **Austin Kleon** formulierte es treffend – die Zeiten der Türsteher, Torhüter und Barrieren seien vorbei:

»Du musst nicht reich sein, du musst nicht berühmt sein, du musst keinen beeindruckenden Lebenslauf oder ein Abschlusszeugnis von einer teuren Hochschule vorweisen. Der Künstler, Kunstsammler, der Meister und der Lehrling, der Profi und der Laie – online haben alle die Möglichkeit, etwas beizutragen.«[76]

Zeig dich der Welt, teile deine Berufung mit anderen und erlebe, welches persönliche Wachstum, welche Chancen und Möglichkeiten daraus entstehen werden. Deine Stimme wird gebraucht!

BUSINESS JOURNALING

WIE KÖNNTE ICH ONLINE UND OFFLINE ZU MEINER BERUFUNG ETWAS BEITRAGEN? HABE ICH BEREITS EXPERTISE, ODER KÖNNTE ICH DEN WEG DAHIN MIT ANDEREN TEILEN?

DU BIST GUT GENUG

Du bist nicht hier, um allen zu gefallen, um allen gerecht zu werden oder allen zu helfen. Nicht alle sind in der Lage, den Wert, den du stiftest, zu erkennen, auch brauchen nicht alle, was du zu bieten hast. Meine Mentorin Rebecca Campbell sagt immer: »Du bist nicht für jedermann.« Erlaube und glaube dir, dass es gut genug ist, was du gerade zu bieten hast, wie viel du heute weißt und was dir jetzt gerade möglich ist.

Das, was du machst und bietest, muss nicht in allen resonieren. Es kann nicht allen gefallen, denn so facettenreich wie der Regenbogen sind auch unsere Persönlichkeiten – und dementsprechend auch die Vorstellungen von gut, schlecht, wertvoll und wertlos.

Was die eine braucht, ist für die andere gerade nicht wichtig. Vertrau darauf, dass du mit deinem Dich-Zeigen diejenigen anziehst, die von dir hören wollen. Die genau das brauchen, was du zu geben hast.

»Manchmal hörst du ein und dieselbe Geschichte von mehreren Menschen, aber es brauchte diese eine Person, die sie plötzlich auf ihre Weise erzählt, um damit dein Herz zu erreichen«, sagte meine Kollegin und Marketingexpertin Lina Bondar im Gespräch mal zu mir. Du kannst genau diejenige sein, die mit ihrer Version der Geschichte das Leben von anderen verändert. Zeige dich, denn die Welt braucht dich!

Wenn jemand deinen Wert nicht erkennt, obwohl du ihn ihr zeigst, dann ist sie kein Match. Nicht mehr, aber auch nicht weniger. Auch wenn dein Ego gerne will, dass du allen gefällst, dass alle Lobeshymnen auf dich singen, so ist es leider so, dass es immer einigen Menschen missfallen wird, wenn du furchtlos du selbst bist.

Wenn du niemals aneckst, bedeutet das, angepasst zu sein, deine Meinung zurückzuhalten und damit dich und anderen die Chance auf Wachstum zu nehmen. Es wird immer diejenigen geben, die dich feiern, aber eben auch diejenigen, die dich verurteilen. Du wirst es nie allen recht machen können, also versuche es erst gar nicht. Denn all dieses Verbiegen, Verstecken und Anders-als man-selbst-Sein führt nur dazu, dass du dich selbst hintergehst und später andere dafür anklagst.

Lass dich nicht von der Angst vor Kritik zurückhalten: Das Feedback zeigt dann nur, dass du eine klare Message hast, die gehört wird, oder es ermöglicht dir sogar Raum für Wachstum. Auch, wenn es nicht allen gefällt, welches zu erhalten. Geh das also anders an und feiere deine größten Kritiker – wie auch deine größten Fans. Du bist auf dem richtigen Weg. Aber so, wie wir Angst vor Rückmeldungen haben, so macht uns das Fehlen von Rückmeldungen auch Angst. Vergleiche also nicht die Anzahl deiner Followerinnen, Abonnentinnen oder Hörerinnen mit denen von anderen Menschen, die vielleicht einfach schon länger dabei sind oder mehr Arbeit investiert haben. Setz dir Inputziele, anstatt dich auf gewünschte Followerzahlen zu versteifen. Kein Weg ist gleich schnell, gleich weit, und du weißt nie, was wirklich hinter der Zahl steckt – wie viel Vorarbeit, Werbung oder auch Glück. Bleib dran, entwickle dich weiter und vertrau deinem Weg. Du bist nicht für alle da, das kannst du nicht, und das ist gut so!

Mantra: Die, die mich brauchen, werden mich finden. Ich muss nicht allen gefallen!

LASS DICH VON CHANCEN FINDEN

Stell dir vor, wie es wäre, wenn du zukünftig nicht mehr selbst nach passenden Jobs oder Businessmöglichkeiten Ausschau halten müsstest, sondern sie stattdessen dich fänden. Wäre das nicht genial, wenn du nicht mehr selbst alles initiieren und in die Wege leiten müsstest?

Genau das ist möglich, wenn du dir deine persönliche Marke aufbaust und dich als die Go-to-Person für deine Themen positionierst. Der Agilitätsexperte Jeff Gothelf erklärt, dass der Jobmarkt traditionell ein »Push-Modell« sei: Wenn man eine Stelle wolle, bewerbe man sich aktiv darauf. Auch in den ersten Businessjahren sieht man diesen Push-Effekt: Willst du Business generieren, musst du aktiv auf andere zugehen.[77] Wenn du dich aber stattdessen zeigst mit dem, was du hast, und dem, was du bist, dann wirst du immer mehr Möglichkeiten anziehen, die genau zu dir und deinem Portfolio passen – was dich dann beruflich weiterbringt.

Das ist übrigens gleichermaßen für Selbständige und Angestellte relevant. Denn du erhöhst dein Karrierekapital, wenn du deine Reichweite und deinen Impact erweiterst und dich als *die* Person für deine Themen etablierst. Auch als sogenannter »Corporate Influencer« kannst du für ein Unternehmen stehen und vor diesem Hintergrund von deinen Erfahrungen berichten und dadurch neue Chancen für deine Berufung an Land ziehen.

Heute zählt nicht nur das, was du weißt, was du kannst oder wen du kennst, sondern auch, wie weit dein Einfluss und deine Ideen reichen.

SO LÄSST DU ES ZU, DASS DIE CHANCEN DICH FINDEN

THEMENAUSWAHL

Definiere zwei bis maximal drei Themen, für die du beruflich stehen möchtest. Womit soll dich deine Zielgruppe wahrnehmen?
Marina Zayats, Expertin für Digital Personal Branding, empfiehlt, das erste Thema, was letztlich dein Hauptthema ist, passend zu deiner Berufung auszuwählen. Bist du Hochzeitsfotografin, so könnte dein erstes Thema *Hochzeitsfotografie* sein, bist du Coach für Storytelling, so ist dein Thema *Storytelling*.
Das zweite Thema kann eine Zusatzkomponente sein, die beispielsweise zu deiner gewählten Nische passt. Machst du Storytelling primär für junge Unternehmen und Start-ups, so könnte das zweite Thema *inspirierende Gründungsgeschichten* sein.
Das dritte Thema darf losgelöst von deiner Berufung sein. Etwas Persönlicheres, das aber einen Bezug zu deinem Arbeitsalltag hat. Menschen lieben es, mehr über andere Menschen und deren Geschichten und Besonderheiten zu erfahren.
Bist du bereits Mama oder liebst das Arbeiten von unterwegs? Wunderbar, lasse diese Impulse mit in deine Marke einfließen, indem du immer wieder die Verbindung zu deinem Hauptthema herstellst. Wie sieht dein Businessalltag als Storytelling-Coach aus, oder wie hilft dir das Reisen in deiner Freizeit dabei, ungewöhnliche Geschichten aus der ganzen Welt zu erzählen? Diese persönlichen Impulse schaffen Nähe und Verbundenheit, sie zeigen neue Seiten von dir, die über deine reine Expertise und deine Erfahrungen hinausgehen. Wichtig ist nur, dass der Zusammenhang mit deiner Berufung klar und deutlich wird.

DEFINIERE DEINE KANÄLE

Wo möchtest du von Chancen gefunden werden? Online oder offline, über welche konkreten Kanäle? Frage dich diesbezüglich: Wo sind die Menschen, die von mir und meiner Berufung profitieren können? Über welche Plattform oder über welche Wege kann ich sie auf eine Weise erreichen, die zu meiner Persönlichkeit passt?

FANGE AN, DICH ZU ZEIGEN

Zeige dich über regelmäßige Posts, Vorträge oder über deine Anwesenheit bei Veranstaltungen und sei vor allem sozial: Social Media sollen sozial sein und sind nicht für die reine Einwegkommunikation gedacht. Stell dir vor, das soziale Netzwerk wäre eine Party: Du würdest dich dort auch nicht selbstdarstellerisch in die Mitte der Tanzfläche stellen und so laut herumschreien, bis alle auf dich aufmerksam geworden sind. Stattdessen würdest du schauen, wer sonst noch auf der Party ist und zu welchen Gesprächen du etwas beitragen kannst.

Handhabe es online genauso: Tausche dich mit anderen aus, indem du kluge Kommentare hinterlässt, Beiträge teilst, die dich bereichert haben, und direkt auch mit Menschen über persönliche Nachrichten ins Gespräch kommst.

BUSINESS JOURNALING

MEIN HAUPTTHEMA IST:

MEIN ZWEITES THEMA KÖNNTE SEIN:

EIN PERSÖNLICHES THEMA KÖNNTE SEIN:

PASSENDE KANÄLE UND WEGE, UM MEINE ZIELGRUPPE ZU ERREICHEN, SIND:

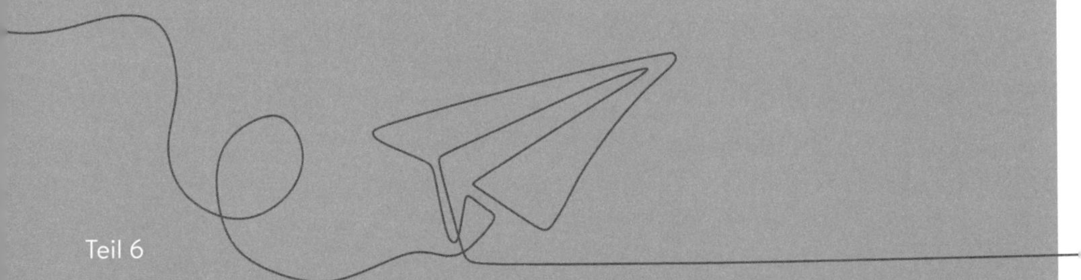

Teil 6

BLEIB DRAN – ES LOHNT SICH!

ENTDECKE DICH NEU

In unserem Kopf wiederholen sich ähnliche Gedankengänge kontinuierlich. Dieses Gedankenrepertoire ist wie eine Box, in der du lebst. Es umfasst deine Glaubenssätze, Regeln, Muster und Meinungen, die früher einmal sinnvoll waren, aber heute deine Möglichkeiten einschränken.[78]

Oft kratzen wir dadurch gewohnheitsbedingt nur an der Oberfläche unserer Gedanken und Erlebnisse oder lassen bestimmte Gedankengänge erst gar nicht zu, wie beispielsweise beim Ruf des undenkbaren Traums. Das passiert jedoch nicht mit Absicht, sondern weil uns unsere Box, der Verstand, einschränkt. Wir alle haben blinde Flecken.

Die erste gute Nachricht: Du kannst diese mentale Box jederzeit erweitern. Die zweite gute Nachricht: Journaling ist das perfekte Tool dafür, denn während des Schreibens kannst du deine Glaubenssätze, Regeln, Meinungen und Muster erkennen und Stück für Stück verändern.

Journaling wird dein Selbstbewusstsein auf ungeahnte Ebenen heben. Egal ob du Journalprofi bist oder gerade zum allerersten Mal mit Journaling in Kontakt kommst, ich lade dich ein, umzudenken und dich selbst in neuem Licht zu sehen. Daher unterscheide ich beim Business Journaling zwischen zwei Leveln – Level 1 (Journaling) und Level 2 (Deep Journaling).

LEVEL 1	LEVEL 2
Hier schreibst und reflektierst du dir bereits bekannte Aspekte. Du sammelst bestehende Erkenntnisse und Ideen, planst dabei schriftlich deine nächsten Vorhaben. Level 1 wird hier verkörpert durch den oberen Teil des Eisbergs, mit dessen Hilfe du das bereits Sichtbare und das dir Bewusste verarbeitest. Hier fungiert dein Journaling als Archiv und Planungstool, um Bekanntes festzuhalten. **Dieses Level hilft dir:** • Erkenntnisse und Wissen zu integrieren und zu verankern; • für dein zukünftiges Ich wichtige Informationen festzuhalten und zugänglich zu machen; • wertvollen Abstand zu eigenen Gedanken und Emotionen herzustellen; • Erlebnisse besser zu verarbeiten (Fehltritte, Konflikte sowie andere emotional schwierige Situationen).	Du schreibst und reflektierst, um neues Wissen zu generieren. Hier kommen wir zum Unbekannten und nicht Sichtbaren – repräsentiert durch den unter Wasser liegenden (größeren) Teil des Eisbergs. Im zweiten Level, dem Deep Journaling, geht es darum, blinde Flecken aufzudecken, um neue Erkenntnisse und Klarheit hinsichtlich deiner beruflichen Themen und Ideen zu finden. Deep Journaling ist die Art von Reflexion, bei der Wachstum entsteht. Es wird dir helfen, dich klar zu erkennen, deine Stärken und Begabungen zu nutzen und deine hinderlichsten Sabotagemuster liebevoll aufzudecken und ins Positive zu verändern. Seien dies Zweifel, Unsicherheit, Perfektionismus oder auch der innere Schweinehund, der von Zeit zu Zeit an deine Tür klopft und gekonnt versucht, dich vom Vorankommen abzulenken.

Um Deep Journaling zu praktizieren, habe ich dir eine Reihe von W-wie Wachstumsfragen aufbereitet,[79] die dir kinderleicht helfen, neue

Perspektiven zu sehen und deine mentale Box direkt beim Schreiben zu vergrößern – und die dabei kleine Wunder bewirken. Schau, welche Wachstumsfrage deine persönliche Lieblingsfrage wird!

WACHSTUMSFRAGE	ANWENDUNG
Wiederholungsfrage: Gibt es hier eine Wiederholung oder ein Muster in meinem Handeln, Denken und Fühlen?	Kommst du gerade nicht so voran, wie du es dir wünschst? Dann nutze die Wiederholungsfrage, um alte Glaubenssätze, Gewohnheiten, Gefühlsmuster zu identifizieren und zu prüfen, ob sie dir noch dienlich sind. Ist es nicht dienlich, gehe direkt zur Wahlfrage.
Wahlfrage: Welche Wahl habe ich gerade? Gibt es noch andere Reaktionsmöglichkeiten (z. B. durch eine Veränderung meiner Sichtweise)?	Du kannst deine Gedanken und Gefühle nicht kontrollieren, aber du hast immer die Wahl, wie du auf Selbstkritik, faule Ausreden oder Scheitern reagierst. Jede neue Gewohnheit beginnt mit einer neuen, besseren Wahl.
Wahrheitsfrage: Ist es wirklich so, wie ich die Situation gerade interpretiere? Könnte ich etwas falsch verstanden oder übersehen haben?	Du hast eine geniale Idee, aber hast tausend gute Gründe im Kopf, warum es nicht funktionieren kann? Hinterfrage liebevoll die Plausibilität deiner Gedanken mit dieser kraftvollen Frage!
Wahrnehmungsfrage: Was nehme ich gerade körperlich wahr? Was fühle, spüre, empfinde ich, wenn ich meine Notizen noch einmal durchlese?	Du hängst gerade und weißt, nicht, ob A oder B der nächste richtige Schritt ist? Wunderbar, frag deinen eigenen Körper um Rat: Wie in Teil 1 besprochen, spricht deine Intuition über deine fünf Sinne mit dir. Genial, oder?

»Was wäre, wenn ...«-Frage: ... ich keine Angst hätte? ... die Idee erfolgreich wird? ... ich versagen würde?	»Was wäre, wenn ...« öffnet den Raum für freies Denken und tieferes Hinterfragen. Die Frage ist perfekt, um deine Kreativität anzuregen!
Wissenschaftsfrage: Wenn ich hier mit einer kühlen, emotionsfreien Brille auf das schaue, was ich geschrieben habe: Was wäre die Schlussfolgerung aus meinen Gedanken/Erlebnissen?	Nutze die Klarheit deines Verstandes und damit das maskuline Prinzip, wenn du gerade besonders emotional reagierst.
Worst-Case-Frage: Was könnte im schlimmsten Fall geschehen?	Macht sich Angst breit? Nutze die Worst-Case-Frage, um die Plausibilität und Wahrscheinlichkeit des schlimmsten Falls zu überprüfen.
Wunderfrage: Wenn ein Wunder geschehen würde, was würde ich mir herbeiwünschen?	Diese Frage öffnet dein Denken für neue Möglichkeiten und kreative Lösungen.

BUSINESS JOURNALING

WELCHE DER WACHSTUMSFRAGEN KÖNNTE DIR GERADE BEHILFLICH SEIN?

Probiere direkt eine aus und schließe eigene Reflexionen zukünftig immer mit mindestens einer Wachstumsfrage ab. Du wirst einigen dieser Fragen auch später im Buch wiederbegegnen.

WAS ERZÄHLST DU DIR GERADE ÜBER DEINE BERUFLICHE SITUATION? WAS BESCHÄFTIGT DICH AM MEISTEN?

Notiere dir kurz ein paar Stichpunkte.

WÄHLE MINDESTENS EINE WACHSTUMSFRAGE AUS, UM TIEFERE ANTWORTEN ZU GEWINNEN (WUNDER, WISSENSCHAFT, WAS WÄRE, WENN ...).

JOURNAL HACK: DIE MAGIE DER SYMBOLE

Beim stichpunktartigen Journaling (Bullet Journaling) kannst du auch verschiedene Symbole verwenden, um direkt mit einem Blick zwischen unterschiedlichen Infos zu unterscheiden. Außerdem gehen To-dos und nächste Schritte mit Symbolen nicht in deinen Gedanken und Notizen unter![80]

— = **Notiz:** Erkenntnisse, die du nicht vergessen willst
• = **Aufgabe:** Was du tun willst
o = **Event:** Erwähnenswerter Moment

NUTZE ALL DEINE ZAHLREICHEN RESSOURCEN

Jeder von uns wird gebraucht und hat etwas Wertvolles beizutragen. Keine zwei Menschen sind gleich, und niemand sonst denkt, fühlt und wirkt wie du in dieser Welt. Und das Schöne daran? Du musst es mir nicht glauben, damit das wahr ist.

Es ist so leicht zu denken, dass du selbst keinen Unterschied machst oder dass du erst Großartiges erreichen müsstest, um wertvoll zu sein. Aber allein deine Präsenz und deine Art zu sein, machen einen Unterschied für dein Umfeld. Dein Wissen, deine Erfahrungen und deine Ausbildungen sind wertvoll – egal, ob du sie aktiv nutzt oder nicht, denn sie haben dich zu der Person gemacht, die du heute bist.

Du bringst so viel mehr mit, als du glaubst, und hast weitaus mehr Ressourcen, als du gerade denkst. Lass uns also gemeinsam deine Schätze bergen!

BUSINESS JOURNALING – Mein Ressourcenrucksack

Um deinen Wert zu erkennen, fülle deinen persönlichen Ressourcenrucksack aus.

#1: Notiere dir im ersten Feld deines Ressourcenrucksacks alle deine Erfolge, gemeisterten Krisen und nützlichen Erfahrungen, die dir spontan einfallen. Starte im Kindes- und Jugendalter und überlege, was du bereits schon in deinem Leben erreicht, erlebt und überwunden hast.

#2: Stelle dir als Nächstes bei jedem Eintrag die Frage: »Welche Fähigkeiten, welches Wissen und welche Eigenschaften habe ich dadurch erworben oder ausgebaut?« Trage die Antworten in die rechte Spalte ein.

#3: Ergänze weitere Ressourcen, die du in dir und um dich herum hast, die dich bei deiner Berufung unterstützen können. Das sind weitere Eigenschaften von dir sowie alle äußeren Ressourcen, die wir oft gar nicht auf dem Schirm haben (wie einen Laptop, das Internet oder unterstützende Beziehungen).

PS: Dazu passend findest du auf dem *Business-Journal*-Podcast eine geführte Journalingsession. Den Link findest du unter www.maxine-schiffmann.de/bonus.

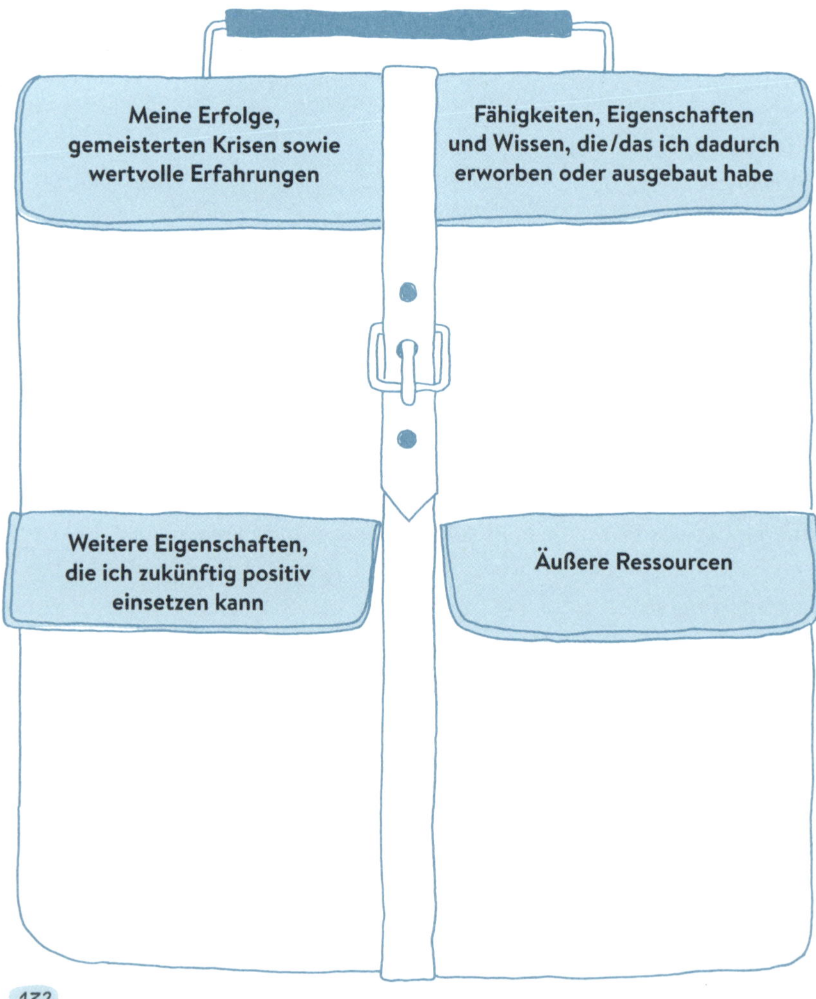

DU HAST ZEIT, ALSO NIMM SIE DIR

Auch wenn du denkst, die Zeit läuft dir davon: Du hast ein Leben voller Abenteuer vor dir! Du musst dich nicht beeilen, schon gar nicht aus Angst, nicht schnell genug voranzukommen. Es gibt nichts, was du verpasst – außer dem jetzigen Moment. Du musst nirgendwo ankommen oder bestimmte Ziele abhaken. Erlaube dir, da zu sein, wo du gerade bist. Erlaube dir, dass du gut genug bist, so wie du bist.

Wenn du deinen Zielen hinterherrennst, führt dich das nicht zum Ankommen, denn Ziele sind kein Ort zum Verweilen, sondern nur das Sprungbrett zum nächsten Ziel. Und danach wieder zum nächsten. Ein ewig währendes Rennen also. Lass dich also nicht von einer diffusen Angst antreiben, du könntest etwas verpassen, sondern lieber von deiner Freude am Erleben. Die Zeit wird nicht knapp. Wachstum braucht seine Zeit, auch wenn es von außen nicht immer erkennbar ist. Es gibt schließlich auch Bambuspflanzen, die vier bis fünf Jahre lang im Verborgenen ohne sichtbare Fortschritte wachsen. Das Pflänzchen schafft es kaum aus dem Boden heraus, egal wie fürsorglich du dich um es kümmerst. In den ersten Jahren ist noch unklar, ob die Pflanze jemals den Durchbruch schaffen wird. Doch, so beschreibt es der Internetunternehmer **Daniel Dipiazza**,

»[...] the successful bamboo farmers wait patiently. Even without seeing signs of growth, they are watering their seeds. Day in, day out. Even when they're discouraged. Even when they're sure that it's futile. Then, after five years of labor and faith in something they can't see, they're rewarded with the miraculous ›overnight‹ growth.«[81]

Die Bambuspflanze nimmt sich die nötige Zeit, um dann exponentiell aus dem Boden zu schießen: Innerhalb weniger Wochen wird ihr Erfolg im Außen sichtbar, wenn sie in Windeseile bis zu dreißig Meter in die Höhe wächst.

Die Herausforderung beim Bambuszüchten ist die gleiche wie beim Aufbau deiner Karriere: Es braucht Zeit und Geduld. Jeder »Overnight Success« wie der des Bambus ist das Resultat immenser Vorarbeit. Nur weil etwas noch nicht nach außen sichtbar ist, heißt es nicht, dass keine Entwicklung stattfindet.

Der Co-Gründer von LinkedIn, Reid Hoffman, brauchte neun Jahre, bis er Erfolg fand: Er gründete 1997 SocialNet, eine Plattform für Dating und Mitbewohner-Matching … und scheiterte kläglich. Er versuchte 2002 erneut sein Glück und gründete mit weiteren Partnern das Businessnetzwerk LinkedIn. Es brauchte weitere vier Jahre, bis LinkedIn profitabel wurde, weitere zehn Jahre später erreichte das Businessnetzwerk mehr als 500 Millionen Mitglieder in über 200 Ländern und wurde schließlich für geschätzte 26 Billionen Dollar an Microsoft verkauft (2016).[82] Du siehst: Alles braucht seine Zeit!

Lass dich von unsichtbaren Fortschritten nicht verunsichern. Du bist auf dem richtigen Weg. Gib dir das Geschenk der Zeit. Habe Geduld, sei kontinuierlich und arbeite Stück für Stück an deinen Träumen. All deine Arbeit wird belohnt werden!

Mantra: Ich habe all die Zeit, die ich brauche!

ERSCHAFFE NEUE WAHRHEITEN

Es stand mal wieder ein Moderationstag der digitalen Show an, doch ich war nervöser als sonst. Denn Google war bei uns zu Gast, einer der Partner von Soforthelfer, und ich spürte den Druck, eine gute Performance zu liefern, wie einen starken Puls durch meine Adern rauschen. »Selbstsicherheit wäre jetzt schön«, dachte ich bei mir.

Wann immer du etwas tust oder erschaffst, wirst du dich und deine Leistung – teils bewusst, teils unbewusst – bewerten. Positive Bewertungen nennen wir Eigenlob, kritische Bewertungen Selbstkritik.

»Das ist grauenhaft moderiert«, schoss es mir durch den Kopf, während ich durch den Abend führte und meine Gäste interviewte. »Die Interviewfragen waren viel zu lang und viel zu schnell gesprochen habe ich auch noch!«, schallte mir meine innere Kritikerin entgegen.

Aber in Momenten der Selbstkritik haben wir immer eine Wahl: Wie gehen wir mit uns und unseren Gedanken um? Manchmal geht das direkt in dem Moment, in dem hinderliche Selbstkritik aufsteigt, oder erst in der Retrospektive.

Ich nutzte diese Momente dann als Übungsfeld für Gedankenagilität, schnappte mir mein Journal und schrieb:

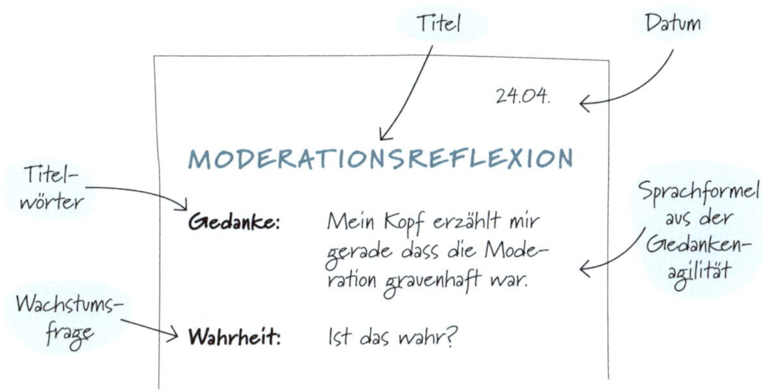

Ich entschied mich für die Sprachformel »Mein Kopf erzählt mir gerade, …«, um meine Gedanken zu verschriftlichen, und wählte eine der Wachstumsfragen aus, die Wahrheitsfrage: »Ist es wahr, was ich gerade denke?«

Um noch effektiver mit Selbstkritik umzugehen und deine Gedankenagilität weiter zu schärfen, möchte ich dir jetzt einen Frageprozess namens »The Work« vorstellen, den ich an dem Abend selbst durchlaufen habe. Er half mir, meine Selbstkritik zu entschärfen, meine eigene Leistung anzuerkennen und mit einem guten Gefühl schlafen zu gehen.

»The Work« wurde von der Amerikanerin Byron Katie[83] konzipiert und eignet sich wunderbar für das Journaling. Der Prozess hat mir geholfen zu erkennen, dass ich meine Leistung an überhöhten Standards und unerreichbarer Perfektion maß, mich daher also unfair bewertete, ohne die gelungenen und guten Aspekte der Moderation zu würdigen. Und ich möchte wetten, genau das passiert auch in deinem Kopf!

Ich schrieb mir die vier Fragen des »The Work«-Prozesses in mein Journal und begann so, neue Perspektiven zu schaffen und die Plausibilität meiner Selbstkritik zu überprüfen. Die erste Frage hatte ich bereits aufgeschrieben:

Frage 1: Ist das wahr? *Ist das wahr, dass die Moderation grauenhaft war? – Nach meinem Empfinden ein klares Ja!*

Frage 2: Kannst du mit absoluter Sicherheit wissen, dass das wahr ist? *Konnte ich mit absoluter Sicherheit sagen, dass die Moderation grauenhaft war? – Mmh, nein, vielleicht gab es ja auch richtig gute Sequenzen in der Moderation, die ich übersehen habe, weil ich so auf meine »Fehler« fokussiert war.*

Frage 3: Wie reagierst du, was passiert, wenn du diesen Gedanken glaubst? *Ich schloss die Augen und fühlte die Situation noch einmal: fühlte mich in die Situation hinein. Wie reagierte ich auf den Gedanken? Ich mache mich selbst nieder, fühle mich schrecklich, will nie wieder moderieren und am liebsten im Erdboden versinken. Ich zweifle alle meine Speaking-Projekte an und realisiere, dass es mir mit dieser Erwartungshaltung keine Freude bringen wird, die Projekte umzusetzen.*

Frage 4: Wer wärst du ohne den Gedanken? *Ich wäre entspannter und würde die Moderationen richtig genießen, wenn ich den Gedanken nicht hätte. Vor allem wäre ich dankbar dafür, diese spannenden Menschen zu interviewen und kennenzulernen. Ich würde sogar besser moderieren, weil ich keine Sorge hätte, dass ich grauenhaft moderieren könnte.*

Umkehrung: Der letzte Schritt im »The Work«-Prozess ist die Umkehrung. Sie ermöglicht dir einen Perspektivwechsel, indem du den Gedanken umkehrst.

Aus »Die Moderation war grauenhaft« könnte »Die Moderation war hervorragend« werden. Dann fragst du dich: Wie kann diese Version wahr sein? Welche Beispiele oder Belege gibt es dafür?

Die Moderation war hervorragend, weil sich alle Gäste abgeholt und wohl gefühlt hatten – das hatte das positive Feedback im Nachgang bewiesen. Zudem hatte ich das gesagt, was ich sagen wollte, und der wichtigste Aspekte: Die Show hatte den Teilnehmern Mehrwert gebracht. Die Moderation hatte dies nicht beeinträchtigt, also musste sie gut genug gewesen sein, so dass ich zufrieden mit meiner Arbeit sein kann.

Der Prozess lädt dich ein, deine Selbstkritik nicht als allzu wahr anzunehmen, sondern als Geschichte zu identifizieren und den Gegenpol zur Selbstkritik in dir zu stärken: dein Eigenlob.

Aber kritisiere dich jetzt bitte nicht dafür, selbstkritisch zu sein. Das sind wir alle – mal mehr, mal weniger. Sei gütig und achtsam mit dir, und entscheide dich dafür, die Geschichten, die du dir erzählst, zu hinterfragen. Mit Übung schaffst du das nicht nur rückwirkend, sondern auch direkt in dem Moment und erschaffst dadurch mit jedem Mal neue Denkweisen und Möglichkeiten in dir und für dich. Also: Das nächste Mal, wenn du dich selbst kritisierst, heiße es als wertvolle Übung für deine Gedankenagilität willkommen.

BUSINESS JOURNALING

Was denkst du über dich, oder was glaubst du, weshalb du deine Berufung noch nicht gefunden hast? Finde einen kurzen kritischen Gedanken, den du über dich denkst, z. B.: »Ich bin nicht diszipliniert genug.«

FRAGE 1: IST DAS WAHR?
Werde still. Warte auf die Antwort deines Herzens.
FRAGE 2: KANNST DU MIT ABSOLUTER SICHERHEIT WISSEN, DASS DAS WAHR IST?
Könnte auch ein Funke Unwahrheit darin stecken?
FRAGE 3: WIE REAGIERST DU, WENN DU DIESEN GEDANKEN GLAUBST?
Was geschieht, wenn du dem Gedanken Glauben schenkst? Empfindest du Wut, Stress oder Frustration? Wie fühlen sich diese Reaktionen in dir an? Wie behandelst du dich selbst? Bringt dir der Gedanke Stress oder Frieden? Werde still und lausche in dich hinein.

FRAGE 4: WER BIST DU OHNE DEN GEDANKEN?
Schließe deine Augen. Stell dir nur für einen Augenblick vor, wie ein Leben ohne den Gedanken wäre. Was siehst du?
DIE UMKEHRUNG:
Wie kannst du den Gedanken umdrehen, und welche Beweise kannst du dafür finden? Z. B.: »Ich bin nicht diszipliniert genug.«/»Ich bin diszipliniert genug.« Beweis: »Was waren Situationen, in denen ich diszipliniert genug war?«[84]

SEI DIE SCHÖPFERIN, DIE DU BIST

Was passiert, wenn du erkennst, dass du so viel kraftvoller, schöpferischer und kreativer bist, als du es heute von dir denkst? So oft sind wir gefangen in Ausreden und scheinbar guten Gründen, warum unsere beruflichen Ambitionen nicht machbar sind. Während ich meine Selbständigkeit auf sichere Beine stellte, war ich nebenberuflich als Bewerbungstrainerin bei einem Erwachsenenbildungsträger tätig. Dort hörte ich ständig Aussagen wie:

+ »Ich komme einfach nicht aus einer Unternehmerfamilie.«
+ »Ich wurde einfach so gekündigt und weiß überhaupt nicht, wie ich mich bewerben soll.«
+ »Ich trau mich einfach nicht, meine Businessidee zu starten.«
+ »Der Markt ist gerade zu schlecht, um Erfolg zu haben.«

Das sind alles typische Sätze aus einer Opferrolle heraus, die du bereits kennengelernt hast. Wenn wir Opfer spielen – und wir spielen diese Rolle wirklich nur –, machen wir uns klein und denken, wir seien hilflos unserer beruflichen Situation ausgeliefert. Aber das sind wir nicht!

STORY-EXPERIMENT

Denke an deinen Wunsch, deiner Berufung zu folgen und deine berufliche Erfüllung zu erschaffen. Antworte auf die folgenden drei Fragen, ohne sie zu zensieren. Erlaube dir, wertend, kindlich oder sogar unfair zu antworten.

WAS HÄLT MICH DAVON AB, MEINER BERUFUNG ZU FOLGEN?

WARUM BIN ICH BERUFLICH NOCH NICHT DA, WO ICH SEIN MÖCHTE?

WER ODER WAS IST SCHULD DARAN, DASS ICH DORT NICHT HIN-/VORANKOMME?

Analysiere nun deine Antworten liebevoll-ehrlich: Machst du unbewusst andere Menschen, äußere Umstände, das Leben, den Arbeitsmarkt oder Ähnliches für den fehlenden Fortschritt verantwortlich? Die meisten Menschen (ca. 85 Prozent) glauben, ihr fehlender Fortschritt liege an äußeren Umständen: zu wenig Zeit, zu wenig Ressourcen, zu wenig Unterstützung, der derzeit schlechte Arbeitsmarkt etc.

Doch es sind nie die äußeren Umstände, die wirklich verantwortlich sind, denn wir sind so viel kreativer und schöpferischer, als wir oft denken.

Wenn wir in die Opferrolle fallen, braucht es unser Mitgefühl und unser Verständnis – und eine neue Entscheidung:

! **Lasse ich mich zum Opfer meiner Umstände machen, oder übernehme ich proaktiv Verantwortung für das, was ich will?**

Wenn du in die Opferrolle gehst, neigst du dazu, passiv-aggressiv mit anderen umzugehen: Andere sind schuld an deinem Schmerz, den unerreichten Zielen und den gegenwärtigen Umständen in deinem Leben. Situationen, in denen wir unbewusst in die Opferrolle fallen, sind nicht immer offensichtlich und gehen manchmal sogar ganz subtil vonstatten.

Stell dir vor, du hast gerade beruflich viel zu tun. Es ist Freitagabend, und plötzlich flattert noch eine E-Mail eines Projektpartners in dein Postfach. Betreff: »Ganz dringend!« Innerlich wallt Stress auf, und du merkst, wie du unbewusst beginnst, dich hilflos der Situation ausgeliefert zu fühlen. Die innere »Bin so gestresst«-Geschichte wird ausgepackt, wie ein Lied endlos auf »Repeat« abgespielt und mit ins Wochenende genommen.

Aber das muss nicht sein! Erkenne wieder, dass du Schöpferin bist und nicht das Opfer spielen musst. Übernimm Verantwortung für dein Leben. Dabei heißt Verantwortung nicht, schuldig zu sein, sondern anzuerkennen, dass dir die Wahl bleibt, wie du mit ungemütlichen, ungeplanten oder auch schmerzvollen Erlebnissen umgehen willst. Übernimm wieder die volle Verantwortung für das, was du beeinflussen kannst.

Du bist Schöpferin – und Schöpferinnen setzen Grenzen, wenn etwas Unrechtes geschieht, sie holen sich die Unterstützung, die sie brauchen, um voranzukommen, sie sorgen dafür, dass ihre Träume Wirklichkeit werden, sie tun alles in ihrer Macht Stehende, um ihre Ziele und Vorhaben zu realisieren.

KOMM RAUS AUS DER OPFERROLLE – DU BIST EINE SCHÖPFERIN

Es gibt einen Spruch, an den ich immer wieder denken muss: »Schmerz ist unerlässlich, Leid ist optional.«[85] Das Menschsein bringt eine Fülle an Gefühlen, Gedanken und Erlebnissen mit sich – nicht alle davon sind angenehm oder wünschenswert. Doch wir können unsere Rolle und damit unsere Reaktion in jedem Moment neu wählen und Schöpferin unseres Lebens sein. Um das zu tun, nutze die folgenden drei Schritte:

1. Erkennen
2. Neutralisieren
3. Neu wählen (liebevoll und bestimmt)

»Ich habe die Wahl, entweder ein Opfer der Welt zu sein oder eine Abenteuerin auf der Suche nach ihrem Schatz. Es ist alles nur eine Frage, wie ich die Welt sehe.« (Paulo Coelho, *Elf Minuten*)

SCHRITT 1: ERKENNEN – WELCHE ROLLE SPIELE ICH GERADE?

Werde dir bewusst, welche Rolle du gerade spielst, indem du die häufigsten Auslöser für dich herausfindest. Was verführt dich zur Opferrolle im Alltag, und wie zeigt es sich?

+ Wenn ein Kollege mich mit To-dos bombardiert (Einladung), reagiere ich mit Stress und fühle mich ausgeliefert (Opferrolle).

Einladungen in die Opferrolle: Welche äußeren Umstände lassen mich klein oder als »armes Ich« fühlen?

Was sind meine persönlichen **Anzeichen** für die Opferrolle (z. B. »Ich beschwere mich«, »Ich fühle Demotivation oder Frust«)?

SCHRITT 2: NEUTRALISIERE

Schaffe gesunden Abstand und neutralisiere deine Identifikation mit der Rolle. Mir helfen besonders die Methoden der Gedankenagilität aus den vorherigen Kapiteln, mit deren Hilfe ich sprachliche Distanz schaffe. Schau, ob das bei dir auch funktioniert, sei dabei liebevoll und gütig mit dir selbst.

»Ich kann beobachten, dass ... ich gerade in die Rolle des Opfers geschlüpft bin.«

SCHRITT 3: WÄHLE NEU

Es geht nicht darum, nie mehr in die Opferrolle zu fallen oder sich nie mehr klein und machtlos zu fühlen. Wir alle haben Phasen, in denen wir uns als Opfer fühlen und Mitgefühl und Geduld mit uns haben müssen. Diese unbewusste, automatische Reaktion auf schmerzvolle Situationen und Schicksale können wir nicht kontrollieren. Aber wir können liebevoll darauf achten, wann wir in die Opferrolle fallen, und uns wieder an unsere Selbstwirksamkeit und Schöpfungskraft erinnern. Wir können die Karten, die wir gespielt bekommen, annehmen und immer wieder wählen, wie wir damit bestmöglich spielen können.

Hab Mitgefühl mit dir und nutze die Wachstumsfragen im folgenden Journal Hack, um dir neue Möglichkeiten zu schaffen. Mach dich nicht zum Opfer deiner Umstände, sondern sei eine Schöpferin. Wenn du merkst, dass du dich gerade kleinmachst, entscheide dich dazu, wieder aufzustehen!

JOURNAL HACK: SCHWIERIGE GEFÜHLE UND DIE SITUATION FÜR DEIN JOURNALING NUTZEN

Wann immer du auf hinderliche Gedanken, überwältigende Gefühle oder schwierige Situationen triffst, nutze sie als Übungsraum für dein Journaling. Herausfordernde Momente können wahre Geschenke sein, wenn du sie für dich als Lernchance nutzt. Ein Gamechanger im Businessalltag – auf Papier und im Selbstdialog.

Verwende eine dieser drei Fragen, um schöpferisch zu werden:

+ **Wachstumsfrage:** Wie kann ich daraus jetzt wachsen?
+ **Weisheitsfrage:** Was kann ich daraus gerade lernen?
+ **Wahlfrage:** Welche Wahlmöglichkeiten habe ich gerade? Was braucht die Situation von mir, um gelöst zu werden?

Wenn du dich kleinmachst oder andere für deine Gefühlslage verantwortlich machst, braucht es manchmal nur eine Prise Wertschätzung.

Wertschätzungsfrage: Wofür kann ich mich oder andere gerade wertschätzen und mir/ihnen danken?

ERLEBE! – ODER: WARUM SICH DEINE BERUFUNG WIE ARBEIT ANFÜHLEN DARF

»Was bedeutet es für dich im Alltag, deine Berufung zu leben?«, fragte ich eine meiner Coachingklientinnen am Telefon. »Es bedeutet, ganz erfüllt zu sein, dauerhaft Freude zu spüren und dass alles leicht und im ›Flow‹ ist«, antwortete sie mir voller Euphorie. Eine andere Klientin wiederum antwortete: »Meine Berufung zu leben, bedeutet, dass sich meine Arbeit nicht mehr wie Arbeit anfühlt.«

Vielleicht hast auch du dich auf die Suche nach deiner Berufung gemacht, um das Ticket zum dauerhaften Glück zu finden. Die Idee ist allgegenwärtig: Wir denken, berufliche Erfüllung bedeute, sich auch immer gut zu fühlen. Aber ist das wirklich so?

Im Coachinggespräch erklärte ich, dass im Wort ErFÜLLung die Fülle steckt. Eine erfüllte Karriere umfasst eine Fülle an Emotionen: die, die sich gut anfühlen, und die, die du am liebsten vermeiden möchtest. Um deiner Berufung zu folgen, bist du aufgerufen, Momente der Frustration, Demotivation, Rastlosigkeit, Unsicherheit und Hoffnungslosigkeit genauso anzunehmen wie die Momente des Glücks, der Lebensfreude und des Erfolgs.

! **Das Folgen deiner Berufung ist magisch, aber kein Zaubermittel.**

Es führt nicht mit Hilfe eines Autopiloten zur Erfüllung, füllt keine inneren Leeren, löst nicht automatisch finanzielle Herausforderungen oder aufkeimende Selbstzweifel. Und doch: Es ist verführerisch zu denken, dass wir nur unserer Berufung folgen müssen, damit alles auf magische Weise funktioniert.

Stellst du deine Berufung auf ein unrealistisch hohes Podest, erwarten dich Enttäuschungen: Die Intention, eine Karriere zu finden, die du liebst, ist wunderbar, doch wie **Cal Newport** anmerkt: [...] »the more emphasis you place on finding work you love, the more unhappy you become when you don't love every minute of the work you have.«[86]

Ich möchte dich damit nicht demotivieren, sondern dich bestmöglich für deine weitere Reise wappnen. Deine Berufung ist ein Weg zu persönlicher Größe, der dich einlädt, effektiv mit all deinen Gefühlen umzugehen – und ich weiß, dass du das kannst. Es ist vielleicht nicht immer leicht, aber deswegen eben auch umso lohnenswerter, deinem inneren Ruf nach Erfüllung zu folgen. Es wartet ein Level an Wachstum, an Freude, an Erfüllung, von dem du nie hättest träumen können, auf dich.

Wenn deine Berufung dauerhaftes Glück bedeuten würde, dann wären unangenehme Gefühle ein Warnsignal, dass du auf dem falschen Weg bist. Aber in einer erfüllten Karriere zu sein, fühlt sich nicht immer gleich gut an. Dabei ist es unwichtig, *wie sehr* du etwas liebst, du kannst es nicht jeden Tag gleich wertschätzen. Aus Euphorie wird Alltag, aus Alltag wieder Euphorie in einem sich abwechselnden Tanz zwischen inneren Höhen und Tiefen.

Dieses Buch zu schreiben, war nicht immer einfach. Es war harte Arbeit und auch pure Leichtigkeit – und das abwechselnd. Doch egal, wie viele Tiefen ich in diesem Schreibprozess erlebt habe: Es hat sich so gelohnt. Ich bin durch dieses Buch über mich hinausgewachsen, habe das Thema Berufung tiefer als je zuvor durchdrungen und etwas erschaffen, was anderen einen positiven Mehrwert bringt.

Wenn du deinem Ruf folgst, dann wird es sich auch für dich lohnen. Du wirst Sachen tun, die außerhalb deiner Komfortzone liegen. Maria Anna Schwarzberg teilte mit mir im Gespräch ihre Einsicht:

»Ich bin Autorin und Podcasterin, und das sehr gerne und mit voller Freude – was nicht heißen soll, dass dieser Job nicht auch Aufgaben hat oder Stunden, in denen man sich denkt: ›Ahhhrg, das ist jetzt nicht so toll.‹ Social Media kann zum Beispiel sehr herausfordernd sein. Aber insgesamt liebe ich meinen Job.«[87]

Du wirst nie alle Aspekte deiner Berufung gleichermaßen genießen – und das ist okay und normal. Wenn du dich mit den Tiefen anfreundest, kannst du leichter durch dunkle Täler reiten. Erlaube dir im Prozess, der Bandbreite an Gefühlen und Erlebnissen offen zu begegnen, ja zu ihnen zu sagen, und du wirst den Weg deiner Berufung mit mehr Leichtigkeit navigieren. Was es dafür braucht, ist deine Bereitschaft, zu erleben – und zwar *alles*. Es ist unmöglich, sich immer gut zu fühlen.

Zusätzlich bedeutet das Folgen deiner Berufung persönliches Wachstum: Ruh dich nicht auf deinen jetzigen Fähigkeiten und Erfahrungen aus.[88]

Deiner Berufung zu folgen, bedeutet nicht, dass du alles bereits kannst und der Weg daher ein Kinderspiel werden wird. Sei offen dafür, dich kontinuierlich weiterzuentwickeln, um deiner Berufung gerecht zu werden. Auch deine Superkräfte können und sollten immer weiter geschliffen und poliert werden. Erlaube dir also, dass sich dein Weg auch ab und an wie harte Arbeit anfühlen darf, dass nicht immer alles rosarot sein wird.

LOBE UND SCHÄTZE DICH

Du und ich, wir sind wundervolle Menschen. Und wundervolle Menschen, im Unterschied zu Maschinen, machen Fehler, schätzen Sachen falsch ein und sind nicht perfekt.

Ich dachte immer, es sei gut, kritisch zu sein. Selbstkritik war meine bevorzugte Wachstumsstrategie. Denn wenn man Fehler sähe, könne man sie schließlich optimieren, dachte ich. Doch ich lag falsch: In der Mitarbeiterführung ist bereits bekannt, dass Kritik ohne Lob demotiviert und Wachstum behindert. Routinierte Kritik führt zu ineffektiver Führung.[89] Nur in der Selbstführung ist das noch nicht angekommen.

Wenn mir etwas gelungen ist:

Wenn ich einen kleinen Fehler gemacht habe:

Selbstkritik ist gut, wenn zwei Aspekte gegeben sind:

#1: DEIN SELBSTDIALOG IST KONSTRUKTIV.
Vergleiche dafür den folgenden Selbstdialog:

DESTRUKTIVE SELBSTKRITIK	KONSTRUKTIVE SELBSTKRITIK
»Das habe ich schon wieder falsch gemacht. Warum mache ich immer wieder den gleichen blöden Fehler? Ich bin so dumm.« *Destruktive Selbstkritik ist generalisierend (immer! Alles!) und auf Fehler fokussiert. Hier fehlt der wohlwollende Blick auf dich selbst und auf die möglichen Lösungen.*	»Das habe ich wieder falsch gemacht. Ich weiß, das ist doof, aber ich verzeihe mir. Menschen machen Fehler, und ich bin ein Mensch. Was würde mir helfen, es richtig zu machen? Was brauche ich, um aus diesem Fehler zu lernen und zu wachsen?« *Konstruktive Selbstkritik ist verzeihend und lösungsorientiert. Sie ist wohlwollend und lenkt die Aufmerksamkeit auf Wachstum.*

Konstruktive Selbstkritik auszusprechen und auf motivierende Weise mit dir selbst zu sprechen, ist reine Übungssache. Übe dich in Geduld und bleib dran: Es wird nicht immer klappen, aber mit der Zeit wird es einfacher. Wenn du in deinem eigenen Journal beginnst, auf eine konstruktive Weise zu schreiben, wirst du das auch in dein Alltagsdenken leichter integrieren können.

#2: SELBSTKRITIK BRAUCHT EINEN EBENBÜRTIGEN GEGENSPIELER – DAS SELBSTLOB.

Fange also an, deinen Selbstdialog konstruktiv zu gestalten, indem du dich selbst lobst. Feiere dich für all das, was du so selbstverständlich gemacht und gemeistert hast. Für all das, was du bist und wie du damit andere bereicherst.

Du bist so viel weiser, stärker und liebevoller, als du selbst momentan noch sehen kannst. Was dich gerade ausmacht, sind deine menschlichen Imperfektionen und die gegensätzlichen Seiten deiner Persönlichkeit. Die Spannungen zwischen deinen Licht- und Schattenseiten sowie die wunderbare Klaviatur deiner Gefühlswelt. Lobe dich für dein Sein und dein Tun – täglich!

Wie lobst du dich am besten? Nun, das kommt ganz auf deine Präferenz an. Du kannst mit dir auf drei Arten einen inneren Monolog führen:

In der 1. Person: »Ich habe, ich bin, ich tue …«
In der 2. Person: »Du hast, du bist, du tust …«
In der 3. Person: »Sie hat, sie ist, sie tut …«

Lass uns in einem kleinen Experiment testen, was dir mehr liegt:

EXPERIMENT ZUM SELBSTDIALOG

Bitte denke an etwas, was dir in den letzten Wochen gut gelungen ist, sei es klein oder groß, bedeutsam oder unbedeutsam, privat oder beruflich. Finde eine Sache, die dir gut gelungen ist, und dann sprich die folgenden drei Variationen des Selbstlobs laut aus.[90]

1. Person: »Wow, das habe ich echt gut gemacht!«
2. Person: »Wow,

....

(dein Name)

das hast du echt gut gemacht!«
3. Person: »Wow, das hat

....

(dein Name)

echt gut gemacht!«

Welche Variation fällt dir am leichtesten?

Forschungen haben gezeigt, dass vor allem der Selbstdialog in der 3. Person dabei helfen kann, emotionale Zustände wie Angst, Stress oder emotionsgetriebenes Denken zu regulieren. Was hier passiert, wird in der Psychologie »Distanzierung« genannt – ein Effekt, den du bereits bei der Sprachformel kennengelernt hast (»Der Verstand denkt ...«),[91] mit dem du einen gesunden Abstand zu dem Erlebten und Gedachten gewinnst.

Mich selbst in der 2. Person zu loben, fällt mir leichter als in der 1. Person und fühlt sich für mich stärkender an. Wenn ich sage: »Maxine, das hast du gut gemacht«, ist es, als würde mein höheres, weiseres Selbst mit mir sprechen. Bei dir kann das aber ganz anders sein.

Egal, wie komisch du dir am Anfang dabei vorkommst, lobe dich täglich! Selbstlob und Selbstwertschätzung sollten so normal sein wie Selbstkritik – und ich wette, bei Letzterem hast du auch keine Hemmungen. Der einzige Grund, weshalb dir das Loben vielleicht gerade noch schwerfällt, ist die fehlende Routine.

Lass uns das Selbstlob zur Gewohnheit machen, zu etwas Alltäglichem, das uns den Alltag versüßt und uns motiviert, dranzubleiben.

Übe Eigenlob und wertschätze dich selbst. Du hast so viel, was du loben kannst!

BUSINESS JOURNALING

Vervollständige die folgenden Sätze für dich:

- Auch wenn es mir schwerfällt, ich lobe mich für

- Ich habe

gut gemacht!

- Ich kann stolz sein,

(besondere Herausforderung)

gemeistert zu haben!

- Ein Erfolg, für den ich mich anerkennen möchte, ist

- Eine gute Entscheidung, für die ich mich loben möchte, ist

- Ein mutiger und guter Schritt in meinem Leben war

Tipp: Erstelle dir alltägliche Reminder, um aus dem Loben eine neue Erfolgsgewohnheit zu machen. Erstelle dir Reminder z. B. mit deinem Handywecker, mit Post-its »Ich lobe mich für ...« oder setze dir Anker im Alltag, wie z. B. bei jedem Aufklappen des Laptops.

FEIERE DEINE ERFOLGE

In meiner Arbeit als Coach, aber auch in meinem eigenen Leben machte ich eine erschreckende Entdeckung: Ich bemerkte, dass wir uns Kritikpunkte jahrelang merken, aber Komplimente oft bereits nach einer Stunde vergessen haben. Es fällt uns viel leichter, uns zu kritisieren, als uns selbst zu loben. Nicht ideal laufende Vorhaben und auftretende Probleme können wir ohne Zögern benennen, aber bei der Frage nach unseren Erfolgen kommen wir schneller ins Stottern. Es ist kein Wunder, dass wir den Berufsalltag nicht genießen, wenn wir ständig auf das fokussiert sind, was noch nicht erreicht und gut genug ist.

Eine wunderbare Möglichkeit, deine Erfolge zu feiern und zu internalisieren, ist das Führen eines Erfolgstagebuchs. Es ist ein Ort, an dem du deine großen und kleinen Erfolgsmomente sowie positiven Rückmeldungen und Fortschritte für dich einträgst und sammelst.

Nutze ein digitales Tool deiner Wahl, um dein Erfolgstagebuch immer griffbereit zu haben, und halte – wie es die von mir interviewte Frau Herz macht – Erfolgsmomente auch beispielsweise in Bildern fest. So wird dein Erfolgstagebuch ein Fotoalbum der besonderen Art.

Erfolgsmomente sind dabei nicht nur große Punkte, die du erreichst, sondern auch kleine Fortschritte sowie private Errungenschaften: Sich an einem stressigen Tag Zeit zu nehmen, um die Mittagssonne auf dem Balkon zu genießen, statt die Mittagspause durchzuarbeiten, ist genauso ein Erfolg, wie die Fertigstellung der eigenen Website oder die Präsentation einer Idee in einem Meeting. Definiere den Begriff »Erfolg« möglichst breit gefächert und weitläufig: Alles, was dich einen Schritt zu deiner Berufung und zu beruflicher Erfüllung bringt, ist ein Erfolg!

Wer sich viel mit Persönlichkeitsentwicklung beschäftigt, kennt die Falle der permanenten Selbstoptimierung: wenn du von einem Optimierungsbereich in den nächsten hüpfst. Dadurch übersehen wir leicht bisherige Entwicklungen, weil wir vor lauter inneren Baustellen keinen Fortschritt wahrnehmen. Auch hierbei wird dir dein Erfolgstagebuch helfen.

Neben Erfolgen sind auch positive Rückmeldungen Teil eines jeden guten Erfolgstagebuchs: Seit mehr als sieben Jahren sammle ich dort wertschätzendes Feedback früherer Arbeitgeber, liebevolle Worte von Freunden und Bekannten, lobende Rückmeldungen von Leserinnen, Nachrichten von Klientinnen sowie lobende Worte, die ich mir selbst gebe. Mein Erfolgstagebuch hilft mir, meine Stärken und Gaben zu verinnerlichen und dadurch auch in Momenten des Zweifelns mein eigenes Licht wieder zu sehen.

Vielleicht denkst du, du würdest nicht genug Komplimente bekommen – das dachte ich auch. Aber lass dich vom Gegenteil überraschen: Es sind viele kleine Worte und Danksagungen, die im Alltag untergehen, weil wir selbst so auf unsere Mängel und Probleme fokussiert sind. Lass dich überraschen, was du innerhalb der nächsten Wochen und Monate aufschreiben wirst.

Coach Dr. Cornelia Andriof schreibt dazu: »Die dauerhaftesten und konstruktivsten Veränderungen, die du vornehmen kannst, sind die Veränderungen, die du in dir selbst machst.«[92] Daher honoriere nicht nur das, was du im Außen siehst, sondern auch das, was sich innerlich in dir entwickelt hat: Erfolge sind niemals nur äußerlich!

Erfolgsmomente sind auch:

+ ein bewusster Moment, in dem du beobachtest, statt zu reagieren;
+ ein Moment, in dem du nicht in die Opferrolle fällst, sondern deine Gefühle liebevoll navigierst;
+ ein Moment der Selbstfürsorge, in dem du einfach für dich da bist und dich selbst in den Armen hältst;
+ ein Moment der Wahrhaftigkeit, in dem du dich zeigst, wie du bist;
+ ein Moment des Glücks, in dem du dir vollen Genuss erlaubst;
+ ein Moment des Wachstums, in dem du eine neue Wahl triffst und aus alten Mustern ausbrichst.

In unserer optimierungsfokussierten Gesellschaft bleibt das Feiern erreichter Erfolge schnell auf der Strecke, dabei ist es so motivierend und erfüllend, wenn wir unsere Erfolgsmomente anerkennen und erhaltene Komplimente schriftlich festhalten. Fang also heute schon an, große und kleine, innere und äußere Erfolge und Fortschritte zu feiern, auch wenn es dir vielleicht anfänglich noch schwerfällt. Mit etwas Übung wird es die leichteste Sache der Welt – und es bringt so viel mehr Erfüllung in deine Berufung. Vertrau mir!

STARTE DEIN ERFOLGSTAGEBUCH

So geht's:

1. Starte in deiner Wunsch-App auf deinem Handy eine neue Notizseite mit dem Titel »Erfolgstagebuch«.

2. Dann scrolle durch deine Bildergalerie und sammle rückwirkend wichtige Momente. Kopiere das Bild in dein Erfolgstagebuch und beschreibe in Stichworten den Moment.

3. Ergänze alle Erfolge, Fortschritte und Komplimente, an die du dich gerade erinnern kannst.

4. Ergänze wöchentlich deine Erfolge und lass daraus eine Gewohnheit werden. Damit stärkst du nicht nur dein Selbstvertrauen, sondern sammelst auch wertvolles Material für dein Marketing, wie beispielsweise für Verkaufs- und Vorstellungsgespräche.

Tipp: Setz dir am Anfang wöchentlich eine Erinnerung im Kalender (beispielsweise sonntags), damit du das Journaling nicht vergisst. Die beste Intention ist ohne das passende Erinnerungssystem wertlos.

TROUBLESHOOTING FÜR MEHR GEDANKENAGILITÄT:
»Mir fallen keine Erfolge ein« oder *»Aber das ist gar kein richtiger Erfolg«* – wenn dir solche Gedanken kommen, sag ihnen liebevoll aber bestimmt: »Danke schön«. Deine natürliche Negativneigung ist noch intakt, alles ist wunderbar. Du musst dich davon nicht entmutigen lassen. Schreibe trotzdem etwas auf, sei es für dich gerade noch so unscheinbar, klein und unbedeutend. Alles wird leichter mit der Übung!

SCHREIB DEINE ZUKUNFT

Deine Berufung unterliegt universellen Gesetzen, die du für dich nutzen kannst. Glauben wir dem Gesetz der Anziehung, dann stärken wir das, auf das wir uns fokussieren. Das Gesetz kannst du dir im Journaling zunutze machen, indem du Manifestations-Journaling in deine Praxis einbaust: Hier bringst du deine Visionen und Wunschrealitäten zu Papier. Du visualisierst, wie dein zukünftiges Wunsch-Ich agiert und sich fühlt, wie du deine Berufung lebst und was dadurch alles in dein Leben treten wird.

Es klingt so logisch, sich auf das zu fokussieren, was wir wollen – aber im alltäglichen Autopiloten geschieht etwas ganz anderes: Unsere Gedanken kreisen routiniert um Probleme und Herausforderungen sowie all die noch unerledigten Aufgaben. Das zeigt sich auch beim Journaling.

Schreibe daher nicht nur auf,

- wie du in einer bestimmten Berufssituation reagiert hast, sondern auch, wie du reagieren möchtest;
- was dich gerade beruflich alles stört, sondern wie du es haben möchtest;
- was dich belastet oder zurückhält, sondern ergänze deine Intention für die Zukunft.

Wenn dir Visualisieren schwerfällt, nutze den Tipp, den Frau Herz mit mir im Interview auf dem *Business Journal*-Podcast geteilt hat: Statt krampfhaft zu versuchen, dir deine Wunschrealität vorzustellen, erlaube dir, auf Papier zu träumen. Ergänze dafür einfach den folgenden Satz: »Wäre es nicht cool, wenn …?« Ergänze dann alles, wonach du dich sehnst.

Wäre es nicht cool, wenn dieses Buch ein Bestseller würde?

Schreib deine Wunschzukunft

Ergänze die folgenden Satzanfänge mit Worten oder kleinen Zeichnungen. Lass deiner Phantasie dabei freien Lauf!

WÄRE ES NICHT COOL, WENN ...

WÄRE ES NICHT PHANTASTISCH, WENN ...

ACH, WÄRE DAS SCHÖN, WENN ...

Teil 7

SORGE FÜR DICH AUF DEM WEG – ES DARF DIR GUT GEHEN

VERBINDE DIE GEGENSÄTZE IN DIR

»Was braucht es, um beruflich voranzukommen?« Wenn du mich das vor einigen Jahren gefragt hättest, hätte ich geantwortet: Zielsetzungen, Ableitung eines logischen Plans, dann die Umsetzung mit ganz viel Disziplin und Fokus.

Das ist für mich auch alles korrekt – aber unvollständig. Denn damals wusste ich noch nicht, dass es zwei unterschiedliche Prinzipien gibt, wie du beruflich vorankommst: das maskuline und das feminine Prinzip.

Folgende Punkte sind dem jeweiligen Prinzip zugeordnet:

MASKULINES PRINZIP	FEMININES PRINZIP
Außenwelt	Innenwelt
Verstand	Gefühl
Intellekt	Intuition
Umsetzung	Empfang
Schutz	Hingabe
Struktur	Fürsorge
Aktivität	Chaos
	Passivität

Hier geht es nicht um Mann oder Frau, um besser oder schlechter, sondern um zwei unterschiedliche Umsetzungsprinzipien, die du für unterschiedliche Aspekte deiner Berufung brauchst.

Du trägst immer Aspekte und Fähigkeiten aus beiden Prinzipien in dir – in unterschiedlichen Dosierungen und Reifegraden. Obwohl du also immer aus beiden Prinzipien schöpfst, tendierst du entweder mehr zu dem einen oder zu dem anderen – ungeachtet deines eigenen biologischen Geschlechts.[93] Kurz gesagt, du tendierst als Verstandsmensch entweder mehr in Richtung des maskulinen Prinzips oder als Gefühlsmensch mehr in Richtung des femininen Prinzips.

Viele von uns haben gelernt, beruflich primär nach dem maskulinen Prinzip voranzukommen und ihren Verstand einzusetzen.

Ich realisierte eines Tages, dass ich bis dahin nur das maskuline Prinzip in mir genutzt hatte, um berufliche Antworten zu finden, dabei aber mein feminines Prinzip völlig übergangen hatte.

Es ist kein Wunder, dass dies passiert, denn historisch gesehen ist unsere Gesellschaft seit vielen tausend Jahren eine patriarchalische, das heißt, Männer haben eine bevorzugte Rolle in Staat und Familie inne, und bestimmen dadurch vorrangig die Art und Weise, wie Vorhaben umgesetzt werden.

Auch während deiner schulischen Ausbildung wurde hauptsächlich das maskuline Prinzip in dir gefördert und gestärkt: deine Durchsetzungskraft, Disziplin, deine Ratio und Zielstrebigkeit. Auch in der Uni ging es um Logik und Sachverstand, anstatt um intuitive Empfindungen. Selbst in Meetings wird dich wohl kaum jemand fragen: »Und was sagt dein (Bauch-)Gefühl dazu?«

Bitte verstehe mich hier nicht falsch: Die Qualitäten des maskulinen Prinzips sind essenziell und wertvoll, um dir eine erfüllende Karriere aufzubauen. Du brauchst deine Logik, deine Tatkraft und Zielstrebigkeit, aber ohne das feminine Prinzip fehlt eben auch etwas.

In den letzten Jahren hat das feminine Prinzip seinen Aufstieg geschafft: Die Wichtigkeit von Gefühlen und Intuition ist vermehrt bei uns angekommen – nicht nur im privaten Kontext, sondern auch beruflich. Das war notwendig und längst überfällig. Denn, wie ich zu Beginn des Buchs erklärt habe, kannst du deiner Berufung nicht folgen, wenn du nur das maskuline Prinzip und ausschließlich deinen Sachverstand benutzt.

Wir leben in einer spannenden Zeit, denn jetzt ist die Zeit gekommen, in der wir beide Prinzipien zusammenbringen und in uns in Harmonie zusammenarbeiten lassen müssen. Es braucht sowohl das maskuline als auch das feminine Prinzip, denn Gefühle, die Innenschau und der Empfang allein führen nicht automatisch auch zu einer erfolgreichen Karriere, die dir deinen Lebensunterhalt sichert. Coach und Trainer Daniel Hoch erläuterte im Interview für dieses Buch, dass wir beides bräuchten. Er sagte, es sei also nicht eine Frage von entweder ... oder sondern von sowohl ... als auch.[94]

Du brauchst das feminine Prinzip, um mit Hilfe der Innenschau intuitive Antworten zu erhalten und damit die für dich passenden Richtungen zu identifizieren. Doch intuitive Rufe sind nicht immer klar oder vollständig. Es braucht zusätzlich deinen Sachverstand und deine Logik, um daraus realistische Optionen abzuleiten und mit Tatkraft in die Umsetzung zu gehen. Das ist das maskuline Prinzip in seiner Kraft.

Beide Prinzipien in dir in Harmonie zusammenarbeiten zu lassen, bedeutet nicht, dass beide deiner Prinzipien gleich stark ausgelebt werden müssen oder dass du eins deiner Prinzipien reduzieren solltest. Versuche nicht, weniger von etwas zu sein, sondern fokussiere dich darauf, mehr von dem zu sein, was du auch sein möchtest.

In den vergangenen Kapiteln (vor allem im dritten und vierten Teil) hast du bereits das maskuline Prinzip in dir gestärkt, mit dem Finden der Klarheit im Tun und der Strukturierung deines Alltags – all dies bringt dieses Prinzip in seine Kraft. Ich werde dir im Laufe der folgenden Kapitel eine Vielzahl an Impulsen und Tools reichen, mit denen du das feminine Prinzip in dir wieder stärken kannst.

Du bist aufgerufen, beide Prinzipien in dir zu aktivieren und zu nutzen. Lerne, dich selbst zu führen und dich vom Leben führen zu lassen. Es braucht deinen Tanz aus Aktivität und Passivität, aus Loslegen und Ausruhen, aus Voranbringen und Dich-unterstützen-Lassen, um ein erfülltes, reiches, freudvolles und lebendiges Berufsleben zu erschaffen.

Du bist gut so, wie du bist!
Nutze deine starken Aspekte und stärke zusätzlich einfach das Prinzip, das in dir noch gestärkt werden will.

Wie stehst du zu deiner Weiblichkeit und den femininen Aspekten?[95] Schaffe mit der folgenden Journalingübung ein liebevolles Bewusstsein, ohne dich dabei selbst anzuklagen.

Umkreise, was du in der nächsten Zeit stärken und in dir integrieren wirst:

ausatmen entspannen genießen spielen

träumen geschehen lassen Vertrauen haben kurvig sein

meiner Intuition folgen sinnlich sein mit der Natur verbunden sein

Chaos zulassen mich verletzlich zeigen vergeben

erschaffen meine Weichheit zulassen Hilfe empfangen Urvertrauen empfinden

loslassen kreativ sein schöpferisch sein

heilen sein statt tun nach innen richten Inspiration empfangen

zu meiner Monatsblutung stehen fürsorglich sein mich erden

mich hingeben annehmen die Beziehung zu meiner Mutter pflegen integrieren

in Gemeinschaft leben schwach sein bewahren mich spirituell öffnen

meinen Körper lieben Geduld

Auf der Buchbonusseite (www.maxineschiffmann.de/bonus) findest du eine Vorlage zum Downloaden. Du kannst sie auch an drei deiner Freundinnen weitergeben, und ihr könnt gemeinsam schauen, mit welchem Prinzip ihr gerade in der Welt agiert.

LASS DIE ALTEN ERFOLGSMUSTER HINTER DIR

Es waren die letzten Tage auf Bali, und ich war kurz davor, nach vier Wochen im Paradies wieder in die Heimat zurückzufliegen. Das Letzte, was ich jetzt gebrauchen konnte, war eine blöde Erkältung, aber meine Nase war dicht, mein Kopf wie vernebelt, und ich wusste, dass es kein Zufall sein konnte, dass ich mich gerade jetzt erkältet hatte. Ich war schließlich sonst nie krank.

Meine Reisegefährtin und Coachingkollegin Julia Colella kommentierte die Situation: »Da ist etwas zu Hause, wovon dich die Erkältung abhalten möchte«, und stellte dann die Frage aller Fragen: »Wovon hast du die Nase voll?« Was für eine kraftvolle Metapher!

Die Antwort kam mir, ohne dass ich darum bitten musste: *Druck!* Ich hatte »die Nase voll« von dem Druck, noch mehr erreichen zu müssen oder noch mehr für meine Ergebnisse machen zu müssen. Während die Erkältung mir körperlich die Kehle zuschnürte, so schnürte mir der Druck, den ich mir selbst permanent unbewusst machte, die Luft zum Atmen ab. Es war wie ein einengendes Korsett.

Wenn du nur eine Sache aus diesem Buch mitnimmst, lass es das Folgende sein: Nimm den Druck raus.

So viele Menschen wünschen sich Erfüllung, Freude und Leichtigkeit in ihrem Beruf, aber nehmen den Prozess viel zu ernst. Wenn es dir ernst ist mit der Freude, dann ist es auch deine Pflicht, jeden Abschnitt des Weges möglichst erfüllend zu gestalten – das startet mit dem Umgang mit dir selbst. Du kannst dich nicht voller Ernsthaftigkeit und Hochdruck die Straße entlangpushen, um am Ende des Weges auf Leichtigkeit und Freude zu hoffen.

Setz dich nicht so sehr in dem Irrglauben unter Druck, dass es dich voranbringt.

Um berufliche Erfüllung zu finden und deiner Berufung zu folgen, darfst du an dieser Stelle jetzt erst einmal loslassen. Nur für eine Weile. Wenn du merkst, dass du den Druck unbedingt wiederhaben möchtest oder brauchst, ist das kein Problem – er wartet schließlich geduldig auf dich.

Aber erst einmal heißt es, loszulassen von dem Druck,

- das *eine* Passende zu finden;
- beruflich erfolgreich zu sein;
- etwas aus deinem Leben machen zu müssen;
- zu glänzen, zu gefallen, zu unterhalten sowie
- perfekt sein zu müssen.

Du bist einem Irrglauben erlegen, wenn du denkst, du bräuchtest den Stress und Druck, den du dir selbst machst. Du musst keinem deinen Wert durch noch mehr Leistung unter Beweis stellen. Du musst nicht glänzen oder dich aufopfern, um geliebt zu werden.

Sei achtsam mit den Anteilen in dir, die Druck erzeugen, wie

- die Sehnsucht deines Egos nach Anerkennung, Bedeutung, Status und Macht;
- die Rastlosigkeit, die schneller, höher und weiter springen will als der Rest.

Was, wenn du nicht hier bist, um etwas zu »erreichen«, um »bekannt zu werden« oder »erfolgreich zu sein«, sondern um erfüllt und voller Freude zu sein? Alles, was du dafür tun musst, ist: immer wieder auf deine ganz eigene Stimme zu hören und ihr zu folgen.

Werde achtsam, wenn dein Verstand dir sagt: »Es kann mir erst gut gehen, wenn ich beruflich angekommen bin.« Du musst nicht irgendwo ankommen, um dir Erfüllung und Freude zu gestatten. Nimm also den Druck raus. Erlaube dir, schon jetzt den Prozess zu genießen – wo auch immer du gerade beruflich stehen magst! Es ist Zeit, dir eine Arbeitsweise anzugewöhnen, die fürsorglich und nachhaltig dir selbst gegenüber ist.

BUSINESS JOURNALING

Vielleicht versuchst du dich auch mit Druck, Härte und Disziplin zu führen – alte Muster, die du von anderen übernommen oder eigenständig gelernt hast? Untersuche liebevoll und neugierig deine Umsetzungsmuster und frage dich:

WAS OPFERE ICH, WENN ICH MICH WEITERHIN MIT DRUCK UND HÄRTE VORANTREIBE?

GIBT ES MUSTER IN MEINER ARBEITSWEISE, DIE MIR NICHT GUTTUN?

WELCHE SELBSTFÜRSORGENDEN GEWOHNHEITEN KÖNNTE ICH STATTDESSEN ETABLIEREN?

FINDE DEINE EIGENE GESCHWINDIGKEIT

Kennst du das von dir: Du wärst am liebsten schon gestern über die Ziellinie gerannt? Hättest deine heutigen To-dos gerne alle schon abgearbeitet? Oft wollen wir – getrieben vom Leistungsgedanken – schneller unterwegs sein, als es uns guttut.

Als ich mal wieder schneller vorankommen wollte, als es für mich gut war, erinnerte mich Coachingkollege und Storytelling-Coach **Goran Celic** an einen guten Satz: »Das Gras wächst nicht schneller, wenn du daran ziehst. Ganz im Gegenteil: Es geht dabei kaputt.«

Immer wieder aus der eigenen Komfortzone zu gehen und mutig zu sein, ist wichtig – aber es ist genauso wichtig, deine jetzt mögliche Geschwindigkeit anzunehmen und anzuerkennen. Dein Leben ist kein täglicher Marathon, bei dem du die bestmögliche Streckenzeit hinlegen musst. Auch wenn das Ziel noch so glücksversprechend ist und du glaubst, dadurch noch erfüllter und zufriedener sein zu können – das Streben nach Wachstum hört niemals auf. Nach deinem jetzigen Ziel kommt schon wieder ein neues, das erreicht werden will. Wenn du von einem Ziel und von einem To-do zum nächsten rennst, ohne dabei gut auf dich zu achten, so kommt in absehbarer Zeit der Punkt, an dem du dich fragst:

- Wofür war das alles gut?
- Wollte ich nicht glücklich und erfüllt sein?
- Wollte ich nicht mein Berufsleben genießen?

An diesem Punkt deiner Reise bist du eingeladen, deine innere Geschwindigkeit zu finden und dich für das zu honorieren, was heute möglich ist. Jetzt fragst du dich vielleicht: Wie finde ich meine innere Geschwindigkeit?

Dafür ziehe ich immer am liebsten die Metapher der vier Jahreszeiten, die deine inneren Kreativzustände beschreibt, heran:

FRÜHLING & SOMMER

Du hast einen Frühlings- oder Sommertag, wenn du voller frischer Energie bist. Es ist die Zeit des Neubeginns: Neue Ideen keimen in Fülle in dir auf, wie Krokusse nach einem Frühlingsschauer. Du bist im Flow und kannst fast schon mühelos deine Visionen umsetzen. Du merkst diese Tage, wenn du energetisch stark und in deiner Umsetzung sowohl schnell als auch effektiv bist.

HERBST & WINTER

An einem inneren Herbsttag ziehst du dich mehr zurück, und deine Energie ist weniger ausgeprägt. Deine Umsetzungsgeschwindigkeit ist verlangsamt, und Routineaufgaben fallen dir leichter, als frische Ideen zu generieren. An Wintertagen ist dein Energielevel niedrig, und du sehnst dich nach Ruhe und Pausen. Hier ist »schneller, höher, weiter« nicht angebracht, und du merkst, dass du einfach gerade nicht in den Arbeitsflow kommen kannst.

Jede von uns durchlebt diese inneren Jahreszeiten in unterschiedlich schnellen Zyklen. Manchmal dauert eine Phase länger als die andere. Manchmal bist du einen Tag im Frühling und Sommer, aber am nächsten schon im tiefsten Winter, oder umgekehrt.

Aber sei ehrlich: Gibt es nicht auch Teile in dir, die am liebsten immer in voller Blüte wären? Die sich wünschen, deine Energie könnte immer im Frühling und Sommer stehen und strahlen? Auch wenn es auf den ersten Blick nicht so wirkt, sind auch Herbst- und Wintertage besondere Tage: Sie laden dich dazu ein, Ruhe und Entspannung als notwenigen Teil deines Lebens zu sehen und deinen sonstigen Eifer auszubalancieren.

Deine Ambition schätzt vor allem deine umsetzungsstarken Frühlings- und Sommerphasen – aber dabei vergisst sie, dass du alle Phasen brauchst, um nachhaltig in deiner Balance und Kraft zu stehen.

Frage dich also im Alltag regelmäßig: »Habe ich heute von meiner Stimmungs- und Umsetzungslage her einen Frühlings-, Sommer-, Herbst- oder Wintertag?«

DIE JAHRESZEITEN-CHECKLISTE	
Frühling & Sommer	**Herbst & Winter**
• Flow! Go Girl, leg los! • Genieße den Flow, starte mit deinen Ideen, geh nach außen oder gib Vollgas! • Strukturiere und priorisiere deine Aufgaben, damit du effektiv deine energetische Phase auskostest. • Erhalte dein Energielevel, indem du selbstfürsorglich mit dir umgehst, Pausen einhältst und nicht ständig über dein Limit gehst.	✓ Nimm deine Gemütslage an. Heute darf es einfach langsamer vonstattengehen. ✓ Erledige Routinearbeiten oder leichtere Aufgaben. ✓ Praktiziere Selbstfürsorge: Koch dir einen Tee, leg mehr Pausen ein. ✓ Schau, welche Aufgaben du auf einen Sommer- oder Frühlingstag verschieben kannst. Dort bist du schneller und effektiver. ✓ Kannst du wegen beruflicher Commitments nicht runterschalten? Dann generiere neue Energie durch achtsame Bewegungen wie beim Yoga, Tanzen oder einem Spaziergang und gib deinem Körper neue Energie durch intensive, tiefe Bauchatmung. Es wirkt Wunder in kürzester Zeit. ✓ Konzentriere dich auf das, was du bereits geschafft hast, statt auf das, was noch zu erledigen ist!

! **Honoriere deine heutige Geschwindigkeit!**

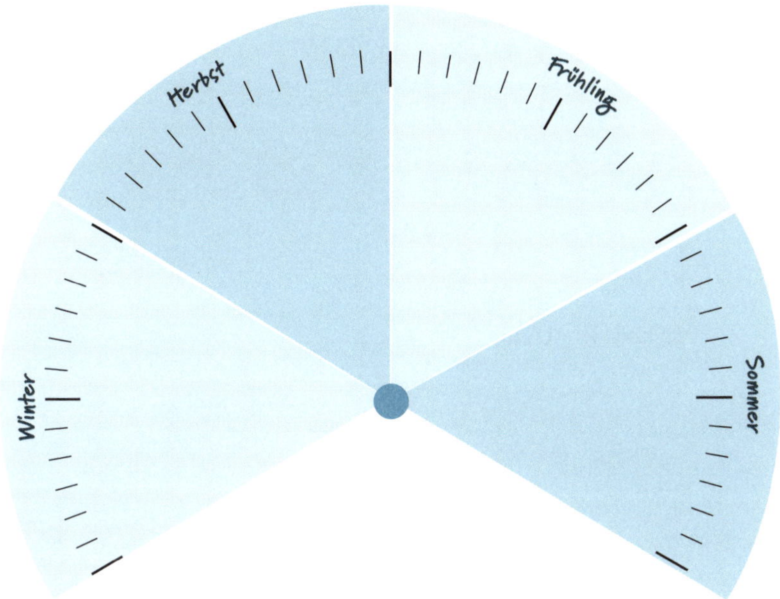

WAS HAST DU HEUTE FÜR EINEN TAG?

WELCHE GESCHWINDIGKEIT VERSUCHST DU GERADE ZU ERREICHEN ODER ZU HALTEN? WELCHE TUT DIR GERADE WIRKLICH GUT?

JOURNALINGTOOL FÜR HERBST- & WINTERTAGE: DIE DONE-LISTE

Kommst du heute gefühlt nicht voran? Statt aufzuschreiben, was du noch erledigen musst, notiere dir, was du bereits erledigt und gemacht hast. Du wirst erstaunt sein, wie viel du eigentlich machst, ohne es zu bemerken (z. B. Frühstück gemacht, Buchkapitel fertig geschrieben, E-Mails beantwortet, Wäsche gewaschen, auf Kommentare in den Social Media geantwortet, ...)

Meine Done-Liste

- ✓ ....
- ✓ ....
- ✓ ....
- ✓ ....
- ✓ ....
- ✓ ....

BIST DU STOLZ AUF DEINE DONE-LISTE?

+ Poste ein Foto deiner Liste auf Social Media und tagge es mit #beRUFungsprinzip

+ Schicke ein Foto deiner Liste an eine Lieblingsperson und inspiriere sie damit: »Schau mal! Mal eine ganz andere Art von Liste ...«

+ Schicke mir deine Liste per E-Mail an maxine@maxineschiffmann.de. Ich liebe es, Journalingergebnisse zu bekommen.

DU MUSST ES NICHT ALLEIN SCHAFFEN!

Als Kind war einer meiner großen Träume, irgendwann Bücher zu schreiben. Ich weiß noch, wie ich – inspiriert von *Harry Potter* – damals Ideen für Geschichten in mein kleines rundes Notizbuch schrieb und begann, erste Texte in meiner Kritzelschrift auszuformulieren. Doch ich wurde älter, und es war an der Zeit, realistischer zu denken. Wer war ich denn schließlich, um ein Buch schreiben zu können?

Zwanzig Jahre später, und ich starrte eine gefühlte Stunde lang auf die geöffnete E-Mail in meinem Postfach:

> **Gesendet:** Donnerstag, 23. Juli 2020, 12:21:29 PM
> **An:** Schiffmann, Maxine
> **Betreff:** Angebot Buchprojekt x Fischer Verlage
>
> »Liebe Maxine,
> [...]
> Wir möchten sehr gerne das Buchprojekt Business Journaling mit dir umsetzen!«

Bäm. Ich konnte es kaum glauben: Mein Traum würde sich nun doch erfüllen!

Wenn du diese Geschichte hörst, was siehst du dann vor deinem inneren Auge? Vielleicht eine Frau mit großen Träumen, die sie erfolgreich umgesetzt hat? Denk mal bitte an die Heldinnen in deinen Lieblingsfilmen. Auf den ersten Blick siehst du sie alleine auf dem erklommenen Gipfel stehen, aber auf den zweiten wird noch etwas anderes sichtbar: nämlich all die Hilfe und der Support, den Heldinnen auf ihrem Weg bekommen und annehmen.

Das Bild der einzelnen Heldin ist omnipräsent, aber eben auch eine Illusion – denn keine Heldin (und auch kein Held!) hat es jemals alleine zu Erfolg gebracht. Du erreichst Großes nicht, indem du alleine in deinem Kämmerlein vor dich hin arbeitest, sondern indem du gemeinsam mit anderen nach vorne schreitest! Aber dennoch setzen wir »Erfolg damit gleich, dass wir niemanden brauchen«, so die Verletzlichkeitsforscherin Brené Brown.[96]

Natürlich kannst du deine Träume theoretisch alleine realisieren, aber die Frage ist:

1. Wie leicht und schnell wirst du vorankommen, und musst du alle Fehler wirklich selbst machen, alles selbst erlernen oder umsetzen?

2. Wie viel Freude bringt dir dein heldenhafter Alleingang wirklich?

Wir sind gesellschaftlich stark vom »Paradigma des Wettbewerbs und der Unabhängigkeit«[97] geprägt: Wir feiern den individuellen Erfolg und lernen schon ab dem Kindesalter, uns mit anderen im Wettbewerb zu messen. Daran ist nichts Verwerfliches oder Falsches per se – solange wir daraus keine Geschichte kreieren, die besagt, dass es eine Schwäche wäre, um Hilfe zu bitten.

Dieses Buch wäre nicht entstanden, wenn ich keine Unterstützung bekommen hätte. Als Alexandra Woite – bekannt als Frau Herz – im Herbst 2019 ihr erstes Buch *Von der Magie, deine eigene Heldin zu sein*[98] herausbrachte, flammte mein eigener Buchtraum wieder auf. Wir kannten uns von einem Interview, das ich ein Jahr zuvor mit ihr geführt hatte. Wenn sie es geschafft hat, vielleicht könnte ich es dann auch?, dachte ich mir, als ich sie kontaktierte und nichts zu verlieren hatte. Es stellte sich heraus, dass ihr Verlag tatsächlich ein Journalingbuch herausbringen wollte.

Ich buchte kurzentschlossen ein Coaching bei Alex, gab meinem Buchkonzept den Feinschliff und bekam von ihr dadurch eine Autorenempfehlung, noch bevor ich mein Konzept an den Verlag geschickt hatte. Wenige Wochen später saß ich erstarrt vor besagter E-Mail. Konnte es wirklich so leicht sein?

Diese und viele weitere Erfahrungen haben mir gezeigt, dass unsere Träume realisierbar sind, vor allem wenn wir uns erlauben, Unterstützung in Anspruch zu nehmen. Sei dies nun in Form einer partnerschaftlichen Kooperation oder – zum passenden Zeitpunkt – die Dienstleistung einer anderen Person: zusammen mit anderen kannst du schneller und freudvoller zum Ziel kommen.

Je mehr Support du generierst, desto mehr Zugkraft und Schnelligkeit gewinnst du. Ich coache meine Klientinnen nicht, weil sie hilflos sind und mich »brauchen«, sondern weil sie wissen, dass sie durch unsere Zusammenarbeit effektiver vorankommen werden.

Eine weitere wichtige Schlüsselfähigkeit für deine Berufung ist das Generieren von Unterstützung. Dies besteht aus zwei Komponenten: 1. um Hilfe zu bitten und 2. angebotene Hilfe anzunehmen. Frage andere aktiv nach ihrer Hilfe, aber sei auch offen für Unterstützung, die dir ungefragt angeboten wird.

Manchmal braucht Unterstützung eine monetäre Gegenleistung, manchmal einen Gefallen im Gegenzug und manchmal nichts außer purer Dankbarkeit. Work Trades, sogenannte Arbeitstausche, sind ein tolles Format, vor allem zu Beginn eines neuen Projektes, um sich gegenseitig zu unterstützen. Du gibst jemandem etwas von dir (Erfahrung, Arbeitsleistung, dein Produkt) und bekommst im Gegenzug etwas im ähnlichen Gegenwert zurück. Machst du beispielsweise ein Testshooting für ein Café als BeRUFungsprojekt, wie mein Freund Jascha Ritzenhofen zu Beginn seiner Karriere als Fotograf, dann schlage einen Work Trade vor und bekomme beispielsweise im Gegenzug einen Monat kostenfreien Kaffee und eine Kundenempfehlung für deine Website. Je mehr Support du generierst, desto schneller wirst du beruflich vorankommen!

Lass die veraltete Idee hinter dir, dass Hilfe brauchen und annehmen ein Zeichen von Schwäche sei!

Hör auf, alles allein machen zu wollen. Hör auf zu denken, du müsstest alles können und wissen. Das kannst du nicht, und das brauchst du nicht. Hol dir Support, du musst den Weg nicht allein gehen!

Trainiere also auf der einen Seite deinen Empfangsmuskel und nimm angebotene Hilfe dankend an. Auf der anderen Seite übe dich proaktiv darin, Unterstützung für dich und deine Ideen zu generieren. Hol dir Support – die folgenden Journalfragen werden dich dabei direkt unterstützen. Aber du wirst merken, je mehr du dich daran gewöhnst und es übst, desto weniger wirst du sie brauchen:

BUSINESS JOURNALING

WOBEI KÖNNTE ICH GERADE UNTERSTÜTZUNG GEBRAUCHEN? WAS KÖNNTE LEICHTER GEHEN, WENN ICH ES NICHT ALLEINE VERSUCHE?

Habe ich jemanden in meinem Netzwerk, oder darf ich eine externe Expertin/Coach/Beraterin finden?

WEN WERDE ICH UM HILFE FRAGEN?

GIBT ES NOCH ETWAS AUSSER GELD, WAS ICH DIESER PERSON IM GEGENZUG ANBIETEN KANN?

Denke hier an deine Fähigkeiten und Stärken!

Vervollständige den folgenden Satz für dich:

ICH WERDE MIR UNTERSTÜTZUNG HOLEN, INDEM ICH HEUTE ...

LASS DICH VOM LEBEN UNTERSTÜTZEN

Beim Wort »Unterstützung« denkst du vielleicht vor allem an andere Menschen. Doch beruflicher Fortschritt braucht noch mehr: glückliche Umstände und kosmische Zufälle, wie

- Menschen, die du »zufällig« auf einer Veranstaltung triffst und die dir wichtige Türen öffnen;
- Lösungen, die dir »zufällig« in einem Buch auf dem Servierteller überreicht werden;
- besondere (Lern-)Möglichkeiten, die dir helfen, wichtige Fähigkeiten zu entwickeln.

In seinem Buch *Outliers* schreibt Malcom Gladwell über den Erfolg der Beatles: Diese seien so erfolgreich geworden, weil sie die Möglichkeit bekommen hatten, richtig gute Musiker zu werden. Durch einen »Zufall« kam 1960 die damals noch unbekannte Jugend-Rockband nach Hamburg und spielte dort monatelang in Clubs. Anstatt der gewöhnlichen einstündigen Aufritte spielten die Beatles acht Stunden lang täglich. Schon zwei Jahre später kamen sie dadurch auf geschätzte 12.000 Liveauftritte – mehr Auftritte, als die meisten Bands in ihrer gesamten Karriere verzeichnen können. Sie bekamen die Unterstützung, die sie brauchten: viele Auftrittsmöglichkeiten. Sie waren Nichtsnutze auf der Bühne, bevor sie nach Hamburg gingen – aber kamen als geniale Musiker zurück. Hatten sie Talent? Definitiv. Waren sie fleißig? Aber ja! Dennoch brauchte es mehr als das, um zu wahren Stars zu werden: eine Reihe von besonderen Zufällen.[99]

Auch der US-Ökonom Robert H. Frank untersuchte die Zufälligkeit von Erfolg und kam zu einem zentralen Ergebnis: Wir überschätzen die Rolle von Ehrgeiz und Begabung, aber unterschätzen, »wie sehr unser Erfolg an Zufällen, günstigen Gelegenheiten, Glück hängt«.[100]

Doch was bedeutet das für deine Berufung? Um deiner Berufung zu folgen, braucht es also neben deinem aktiven Handeln auch die Unterstützung vom Leben durch diese kosmischen Zufälle und glücklichen Fügungen. Wir können und müssen diesen Weg nicht allein gehen. Dabei meine ich mit »Leben« auch das »Universum« und lade dich ein, das für dich stimmigere Wort zu wählen.

Um die »Hebelwirkung des Universums«[101] anzuzapfen, wie es der Autor Mike Dooley nennt, braucht es zwei Sachen:

1. Vertrauen ins Leben und darin, dass es dich unterstützen will;

2. Verantwortung für die Aspekte deines Lebens, die du kontrollieren kannst.

ZU #1:

Ich weiß, es kann schwer sein, dem Universum wieder zu vertrauen, wenn wir schwere Rückschläge erlebt haben. Albert Einstein wird oft genau zu diesem Thema zitiert: »Ich denke, die wichtigste Frage der Menschheit lautet: ›Ist das Universum ein freundlicher Ort?‹ Dies ist die erste und grundlegendste Frage, die alle Menschen für sich selbst beantworten müssen.« Es ist also eine persönliche Wahl, die jede von uns treffen muss, wie sie das Universum sehen will und wie bereit sie dafür ist, sich für dessen Support zu öffnen.

Stell dir kurz vor, wie es wäre, wenn all die Schwere und Härte in deinem Leben einen Sinn hätte. Was, wenn das Leben dir damit unter die Arme greifen wollte, damit du wachsen und stärker werden kannst? Wir haben uns schließlich dieses Leben irgendwie ausgesucht, um zu wachsen und uns zu entwickeln. Das Universum weiß, dass das nachhaltigste Wachstum durch schmerzvolle Erfahrungen geschieht. Erinnere dich an die Schmerzgeschichten aus dem BeRUFungsmodell: Wir brauchen manchmal Krisen, Krankheiten und Schmerzen, um unsere Potenziale anzuzapfen. Erlaube dir wieder Stück für Stück – in deiner Geschwindigkeit –, dein Herz für das Leben zu öffnen und auf seinen Support zu vertrauen. **Paulo Coelho** sagte es so wunderbar in seinem Buch *Der Alchemist*:

»Und wenn du etwas ganz fest willst, dann wir das gesamte Universum dazu beitragen, dass du es auch erreichst.«

Vertraue wieder darauf, dass das Leben dir zur Seite stehen will, mit all deiner Fülle an Erfahrungen sowie mit kosmischen Zufällen und besonderen Gelegenheiten.

ZU #2:

Neben deinem Vertrauen hast du volle Verantwortung für dein Handeln. Es gibt Aufgaben, die kannst nur du und niemand sonst erledigen, um deine Berufung zu leben und deine Ziele zu erreichen. Genau dafür möchte ich dir eine Journalübung vorstellen, die ich vor vielen Jahren bei Mike Dooley kennengelernt habe. Er stellt in einem Dreieck die persönliche Verantwortlichkeit der des Universums gegenüber.

Wenn du dir nicht darüber bewusst bist, was deine Aufgaben sind, dann verbringst du schnell zu viel Zeit und Energie mit Sachen, die du selbst gar nicht beeinflussen kannst. Der Berufung zu folgen, wird eine komplizierte Kiste, wenn du nicht klar definieren kannst, welche deine Aufgaben und welche die des Universums sind.

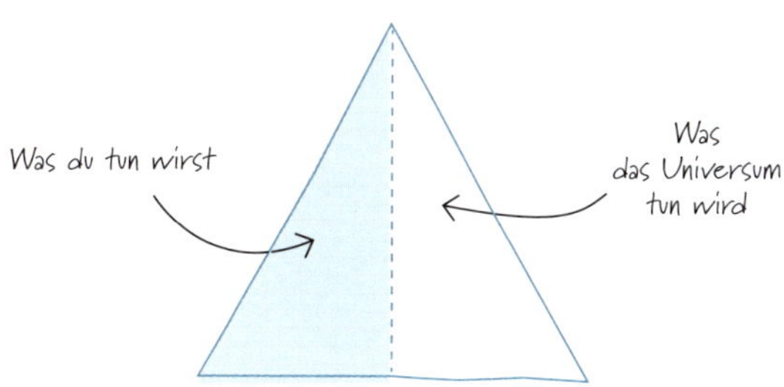

Die *linke Seite* des Dreiecks umfasst alles, was du selbst für die Erreichung deiner Vorhaben unternehmen kannst. Also alles, was du »physisch, logisch und spirituell« tun kannst, um dein Ziel zu erreichen. Die *rechte Seite* des Dreiecks beinhaltet alle Zufälle, Wunder und glücklichen Umstände, die dir bei der Realisierung deines Zieles helfen können.

Denn wie **Mike Dooley** sagt:

»If you want the Universe to be able to do *all* it can, with all it has, from where it is, then you *must* do all you can, with what you have, from where you are. We do have a choice as to just how much of the Universe we'll unleash, and it's based on the choice of how much action *we* take.«[102]

CASE STUDY: DAS BERUFUNGSPRINZIP-BUCH

Meine Aufgaben	Aufgaben des Universums
• Mich immer wieder an mein Buchkonzept setzen und daran feilen	• Kosmischer Zufall, dass Frau Herz und ich uns kennenlernen
• Alles in mich aufsaugen, was ich zum Thema »Buchschreiben« finden kann	• Situation, dass sie ein Buch mit dem Fischer Verlag herausbringt
• Meine Schreibfähigkeiten entwickeln, indem ich über viele Monate und Jahre immer wieder auf Social Media schreibe	• Das Glück, dass der Fischer Verlag ein Buch zum Thema Journaling rausbringen möchte und das Potenzial meines Buchkonzepts erkennt
• Mit anderen Autorinnen und Autoren sprechen	
• Mir Hilfe für das Buchkonzept durch ein Coaching holen	
• Kontakt mit dem Verlag aufnehmen	
• Das Buch über viele Monate schreiben	
• ...	

Es würde nie ausreichen, wenn du alle Aufgaben auf deiner Seite umsetzt, ohne dass auch das Leben seinen Teil dazu beiträgt. Gleichzeitig können deine Träume nicht realisiert werden, wenn das Leben dir noch so viele Möglichkeiten schafft, du diese aber nicht nutzt und deinen Part der Gleichung nicht übernimmst. Es braucht das Zusammenspiel, das du mit der folgenden Journalübung für deine Berufung erschaffen kannst.

BUSINESS JOURNALING

Erstelle dir dein eigenes magisches Dreieck. Schreibe zuerst dein Vorhaben/deinen beruflichen Traum über das Dreieck. Dann brainstorme auf der linken Seite alles, was du aktiv tun kannst, um das Vorhaben zu realisieren; auf der rechten Seite all die magischen Zufälle und Möglichkeiten, die das Leben für dich in die Wege leiten kann.

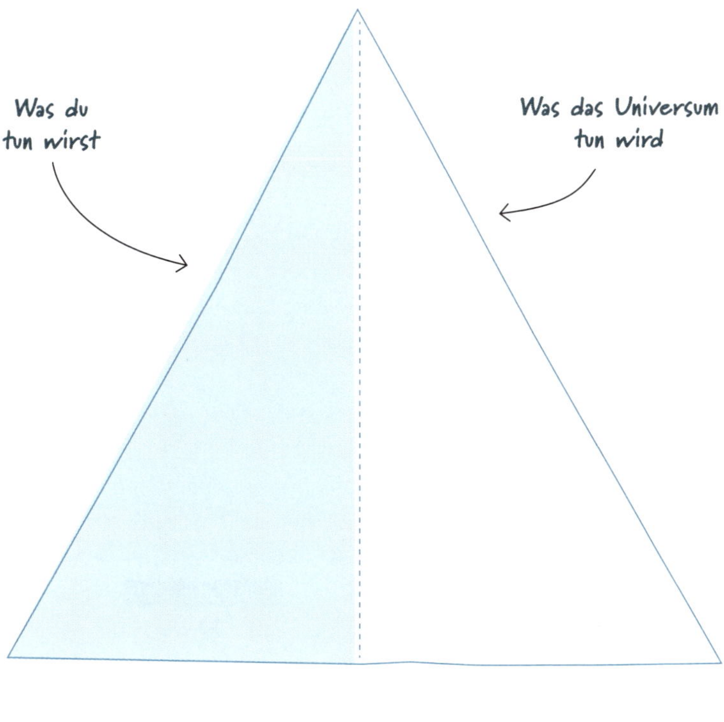

FOKUSSIERE FÜLLE!

Erfüllung entsteht, wenn du die Fülle in dir und um dich herum erkennst und täglich wertschätzt. Du kreierst Erfüllung, wenn du deine angeborene Negativneigung ausbalancierst, indem du etwas entwickelst, was ich den »Füllefokus« nenne. Dieser ist die bewusste Wahrnehmung und Wertschätzung der Fülle in deinem Leben. Er umfasst:

- das Sehen und Anerkennen deiner Stärken,
- deiner Erfolge und Fortschritte,
- das Fokussieren und dadurch Kultivieren deiner positiven Gefühle,
- das Aufdecken von Geschenken in Krisensituationen und nach Misserfolgen,
- das Fokussieren auf Lösungen statt auf Probleme und
- das Wertschätzen der gegenwärtigen Fülle um dich herum.

Wenn du dieses Buch in den Händen hältst, dann bist du wahrscheinlich in einer privilegierten Situation. Du hast ein Zuhause, genug Essen im Kühlschrank und die Möglichkeit, überhaupt deinen Berufungen zu folgen. Es passiert so leicht, dass wir all diese Fülle als selbstverständlich annehmen – aber das ist sie nicht. In einer Welt, in der noch immer in einigen Ländern Krieg und Hungersnot herrschen, ist das, was du und ich haben, ein Geschenk. Dieses Leben ist deine Chance, diese Fülle im Alltag wertzuschätzen.

Alle Menschen da draußen haben eine eingebaute mentale Negativneigung, über die wir bereits in vorherigen Kapiteln gesprochen haben. Mal mehr, mal weniger, aber sie ist immer vorhanden. Jedoch erinnert uns der amerikanische Professor **Randy Pausch** mit einem meiner Lieblingszitate an eine wichtige Sache: »Wir können nicht die Karten, die uns gegeben werden, verändern, sondern nur, wie wir diese Hand spielen.« [103] Das heißt, du kannst den Grad deiner Negativneigung nicht wählen, aber du kannst täglich deinen Füllefokus trainieren.

Um das mit Leichtigkeit zu tun, lade ich dich hiermit zu einer zehntägigen Journalchallenge ein. Diese kurzen täglichen Journalingeinheiten werden deinen Füllefokus stärken. Je mehr Übung du darin hast, desto leichter wird es mit der Zeit.

STARTE HEUTE DEINE ZEHNTÄGIGE FÜLLE-CHALLENGE!

Nimm dir ein Notizbuch zur Hand oder kaufe dir ein schönes deiner Wahl (am besten mit Punktmusterung) und starte deine Fülle-Challenge.

Fülle dafür täglich in rund drei Minuten einen der folgenden Aufträge in deinem Journal aus:

+ 3 Dinge, für die ich dankbar bin
+ 3 Stärken, die ich entwickelt habe
+ 3 Qualitäten, die ich an mir wertschätze
+ 3 kleine und große Erfolge von heute
+ 3 gut getroffene Entscheidungen
+ 3 gemeisterte Krisen
+ 3 Menschen, die mir zur Seite stehen
+ 3 Sachen, die gerade perfekt laufen (privat oder beruflich)
+ 3 schwierige Situationen, an denen ich gewachsen bin
+ 3 Sachen in meiner Umgebung, die mir das Leben erleichtern

LASS DIE ZÜGEL LOS

Wenn du denkst, du müsstest alles im Griff haben, lass die Zügel los. Wenn du meinst, alles unter Kontrolle haben zu müssen, reflektiere.

Führe, aber lass dich auch führen. Das Leben will mit dir tanzen. Wenn du gerade krampfhaft versuchst, alles in gewünschte Richtungen zu lenken, lass locker.

Wenn du denkst, du solltest schon weiter sein, als du es bist, vertrau deiner Geschwindigkeit. Entspanne dich und nimm den Fuß vom Gas.

Wenn das momentane Stück des Weges hart ist, nähre dich. Wenn du nicht weißt, ob und wie du das alles schaffen sollst, nimm dich in den Arm.

Erlaube dem Leben, dich zu unterstützen, denn du musst es nicht allein schaffen. Gönne dir das Geschenk der Kooperation und bitte um die nötige Unterstützung.

Verwechsle nicht eine permanente Selbstoptimierung mit wahrem Fortschritt. Entwickle dich nicht aus der Illusion heraus, minderwertig zu sein, sondern weil du es wert bist, dein Potenzial zu nutzen.

Fühle die Fülle, die dich täglich umgibt, schätze dich mit all deinen Gaben. Du bist unendlich weise und unendlich wertvoll.

Segne deine Intuition, honoriere deinen Sachverstand. Verbinde das Weibliche und das Männliche in dir.

Bleib dir treu. Nähre dich auf dem Weg deiner Berufung und vertrau deinem dir innewohnenden Ruf nach Erfüllung.

Glaub an dich! Du schaffst das!

Teil 8

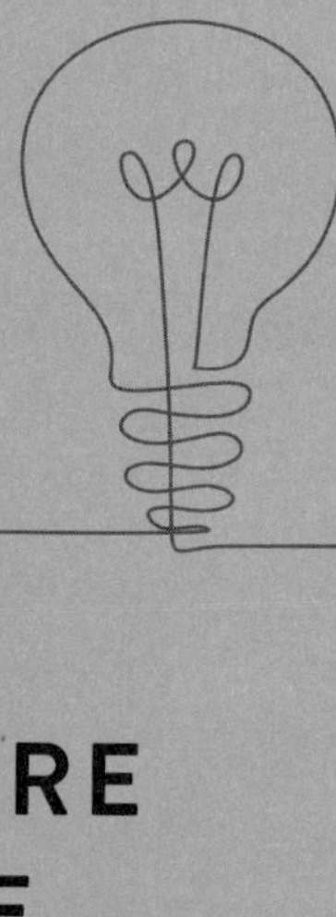

JOURNALING FÜR DEINE WEITERE BERUFUNGSREISE

Wir sind fast am Ende dieses Buchs angekommen, und ich hoffe, meine Journalimpulse in diesem Buch haben dir Lust aufs Schreiben gemacht und dir gezeigt, wie du dieses einfache, wirkungsvolle Tool für dein berufliches Vorankommen nutzen kannst. Dein Notizbuch, egal ob digital oder analog, ist das ideale Instrument zum Nachdenken, Planen und dich selbst entwickeln. Lass die Erfahrungen mit den Journalaufgaben aus diesem Buch der Anfang deiner weiteren Journalreise zu mehr Klarheit, Selbstsicherheit und Erfüllung sein.

Ich lade dich mit diesem letzten Kapitel von Herzen ein, deine eigene Journalroutine zu erschaffen. Dafür möchte ich dir weitere Journalinginspirationen an die Hand geben. Wie bei jedem Tool: Es kann nur helfen, wenn du es auch nutzt. Und das beste Tool ist das, was du für dich passend machst. Im folgenden F&A habe ich die wichtigsten Fragen zusammengestellt, um deine weitere Journalingreise möglichst erfüllend und leicht zu machen.

DEIN JOURNALING-F&A

WIE STARTE ICH AM BESTEN MIT FREIEM JOURNALING?

Starte möglichst einfach und lass jeden Anspruch an Rechtschreibung, Grammatik und Schönheit hinter dir. Du wirst Worte durchstreichen, Fehler machen und eine schlechte Satzstellung haben. Business Journaling muss nicht so aussehen wie die Hochglanzbilder der Journal-Instagrammer.

Inhalt vor Form!

Hier habe ich zwei Möglichkeiten für dich vorbereitet, wie du einen freien Journaleintrag gestalten kannst.

Mach dir dein Lieblingslied an, schnapp dir dein Notizbuch und suche dir einen der folgenden Journalimpulse aus, über den du bis zum Ende des Liedes reflektierst. Beende jeden Eintrag mit einer Wachstumsfrage!

- **Status quo:** Welche Frage oder welches berufliche Projekt beschäftigt mich gerade? – Erstelle eine Mind-Map und schreibe oder male all deine Gedanken und Assoziationen dazu auf.

- **Prioritäten:** Was ist mir gerade am wichtigsten (beruflich wie privat)?

- **Visualisierung:** Was wünsche ich mir für die Zukunft? Wäre es nicht genial, wenn …?

- **Selbstwertschätzung:** Wofür kann ich mich heute wertschätzen?

- **Dankbarkeit:** Wofür bin ich mir/meinem Körper/dem Leben heute dankbar?

Journaling darf einfach sein, es muss keine Stunden in Anspruch nehmen. Lieber öfter und kurz statt stundenlang, aber dafür nur einmal im Monat. Obwohl wir unser Privat- und Berufsleben oft gedanklich trennen, so beeinflussen sich beide doch wechselwirkend. Private Herausforderungen und Errungenschaften, wie beispielsweise eine wohltuende Schlaf- oder Essroutine, beeinflussen unser berufliches Vorankommen oft stärker, als wir denken. Daher darf und sollte dein Business Journal auch »private« Einträge beinhalten, wenn sie dich maßgebend beeinflussen.

Eine weitere Alternative zum freien Journaling ist eine Schreibform namens »Bewusstseinsstrom« (engl. *stream of consciousness*). Hier überlegst du dir kein Thema und keine Frage, sondern beginnst einfach damit, das aufzuschreiben, was dir gerade in diesem Moment in den Kopf kommt. Alles, was du denkst, wird in einem direkten »Strom« niedergeschrieben. Das kann beispielsweise so aussehen:

»Heute muss ich noch eine Podcast-Folge aufnehmen, und das erinnert mich danach auch noch daran, das Selbstfürsorgebuch fertig zu lesen und mir direkt wieder Notizen in meiner Wissensdatenbank zu machen … Und an irgendwas wollte ich mich noch erinnern … ach ja, genau: Heute Abend wollten wir doch etwas Schönes kochen! Ich muss mal schauen, ob wir alles dafür im Kühlschrank haben. Die Journalsessions in der nächsten Podcast-Folge …«

Dieses freie Schreiben ist nicht linear, es springt von Thema zu Thema – wie unsere Gedanken im Alltag. Anstatt deine Gedanken den ganzen Tag mit dir herumzuschleppen, bringst du sie auf Papier und bringst damit Ruhe in dein Gedankenchaos. Das befreit den Geist, lässt dich klarer und produktiver durch den Tag gehen.

Die Autorin Julia Cameron machte diese Art von Journaling unter dem Begriff »Morgenseiten« (engl. *morning pages*) bekannt.[104] Diese Technik hilft dir dabei, morgendlich alles aus dem Weg, also aus deinem Kopf, zu schaffen, um glücklich, produktiv und kreativ sein zu können. Bei den Morgenseiten füllst du jeden Morgen drei Seiten deines Journals mit deinen aufkommenden Impulsen: deinen Wünschen, Sorgen, Träumen, Sehnsüchten und all den Gedanken, die dir im Alltag durch den Kopf gehen.[105]

WIE SIEHT EIN EFFEKTIVER BUSINESS-JOURNAL-EINTRAG AUS?

Ein Journaleintrag startet immer mit einem Titel und einem Datum. Überlege dir zu Beginn, über welches Thema du reflektieren möchtest, und finde dafür einen Titel, z. B. »Projekt Buch: Status quo« oder »Vision für das 2. Halbjahr«. Dies gibt dir eine Richtung für deine Reflexionen, wenn deine Gedanken abschweifen. Mit Hilfe von Miniüberschriften in Form von Titelwörtern wie *Status quo*, *Nächste Schritte* oder *Lösungsideen* kannst du deinen Eintrag strukturieren und übersichtlicher machen.

Diese Miniüberschriften mache ich teilweise zu Beginn einer Reflexion, wenn ich bereits weiß, welches Ergebnis ich mir erhoffe (wie bei einer Prioritätenliste), oder ich nutze sie während des Schreibens – je nachdem wo die Reflexion mich inhaltlich hingeführt hat.

WIE KREIERE ICH EINE JOURNALROUTINE?

Es gibt vier Schritte, die dir helfen, eine Journalingroutine zu etablieren. Diese sind inspiriert von James Clears brillantem Buch *Die 1%-Methode*.[106]

1. Mach es offensichtlich – Wir müssen uns daran erinnern, in unser Journal zu schreiben, es braucht also eine Erinnerung. Diese kann visueller Natur sein: Lege dafür dein Notizbuch sichtbar aufs Bett oder deinen Schreibtisch. Oder sie kann zeitlicher Natur sein, schreibe also immer abends, bevor du schlafen gehst, oder kombiniere das Schreiben mit einer bestehenden Gewohnheit, z. B. deinem morgendlichen Kaffee.

Wo könntest du dein Journal sichtbarer platzieren?

Mit welcher Gewohnheit kannst du Journaling kombinieren?

2. Mach es attraktiv – Je attraktiver die Journalgewohnheit ist, desto leichter wird die Umsetzung. Kombiniere das Journaling mit etwas, wozu du bereits regelmäßig Lust verspürst (auch *temptation bundling* genannt). Schreibe z. B. immer zu deiner Lieblingsmusik und erlaube dir diese nur dann, wenn du dabei auch schreibst. Oder kombiniere als Leseratte deine Sachbuchlektüre mit dem Journaling. Journale nach jedem Kapitel und vertiefe so zusätzlich das Gelesene. Notiere dir wichtige Ideen oder reflektiere die inhaltliche Anwendung. So wird Journaling etwas, was dein Gehirn von sich aus mehr tun möchte, du brauchst weniger Willenskraft, und die Gewohnheit wird schneller geformt.

Was könnte die Vorfreude aufs Journaling verstärken und die Praxis attraktiver für dich gestalten?

3. Mach es einfach – Wenn du regelmäßig schreiben willst, muss es einfach sein, beginne also mit zwei Minuten oder einer einzigen Reflexionsfrage. Nutze z. B. vorgefertigte Journals oder hör dir meine geführten Journalsessions meines Podcasts an, um zu wissen, worüber du schreiben willst.

Kürze das Kürzbare: Reflexionsfragen kannst du wunderbar auf ein Titelwort reduzieren und dann einfach mit Stichworten oder Halbsätzen beantworten.

Hier ein Beispiel mit ausgeschriebenen und verkürzten Fragen:

Ausgeschrieben

WIE STARTE ICH MEINE NEUE JOURNALROUTINE?

Ich werde mein Journal von nun an auf dem Nachttisch platzieren und ich denke, die beste Gewohnheit, die ich mit Journaling paaren könnte, ist mein Kaffee am Morgen oder abends, bevor ich ins Bett gehe.

verkürzt

MEINE JOURNALROUTINE

- Platzierung: Nachttisch
- Gewohnheitskombi: Morgenkaffee + Zu-Bett-Gehen

4. Mach es erfüllend – Unser Gehirn führt Aktivitäten freiwillig weiter, wenn es für diese belohnt wird. Konzipiere deine Routine so, dass sie das Maximum an Freude für dich bringt.

Hier ein paar Ideen dazu:

- Nutze ein Journal mit schönem Papier.
- Gönne dir einen schönen Stift. Ich schreibe nur mit schwarzem Fineliner, der im Notizbuch schöner aussieht als normaler Kugelschreiber.
- Experimentiere mit kleinen Challenges (wie vier Wochen lang dreimal pro Woche schreiben) und tracke deinen Fortschritt. Tracken erhebt die Gewohnheit zu einer Art Spiel, was dadurch mehr Freude bringt. Du kannst dir auch einen Journaltracker in dein Notizbuch malen. Hier ein minimalistisches Beispiel:

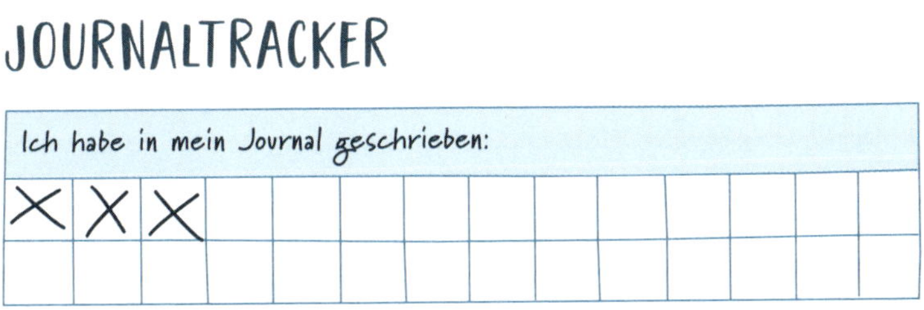

MUSS ICH TÄGLICH SCHREIBEN?

Du musst gar nichts! Aber Journaling – wie jedes andere Tool eben auch – hilft nur dann, wenn du es regelmäßig nutzt. Zu Beginn kann es also sinnvoll sein, sich eine Challenge zu setzen und zum Beispiel 7 oder 14 Tage lang täglich zu schreiben. So etablierst du eine Routine und lernst, Journaling für dich zu nutzen. Danach kannst du schreiben, wann immer es dir guttut.

ICH WEISS NICHT, WAS ICH AUFSCHREIBEN SOLL. WAS KANN ICH TUN?

Neben den jetzigen Fragen oder Herausforderungen im Alltag, die immer guten Stoff fürs Journaling liefern, nutze alle Medien, die du im Alltag genießt als Inspiration: Bücher, Podcasts, Filme. Welche Themen und Fragen werden darin behandelt, die in dir gerade nachhallen?

Einer meiner absoluten Lieblingsfilme, *Urlaub macht Ferien*, mit Kate Winslet und Jude Law, befasst sich mit den Themen Liebe, Loslassen und dem Gehen neuer Wege. Dann frage ich mich: Was hat das mit mir zu tun? Was kann ich daraus lernen oder für mich herausziehen? Was sagt mir diese eine Szene? Oder eben auch für andere Medien: Welchen Aspekt im Podcast könnte ich für mich vertiefen? Hier sind viele der Wachstumsfragen, die du bereits kennengelernt hast, wegweisend.

WELCHE JOURNALINGFORMATE KANN ICH BENUTZEN?

Ich liebe folgende drei Formate des Journalings, die du bereits innerhalb dieses Buchs kennengelernt hast: Reflexionsfragen, Satzanfänge und Listen:

1. Reflexionsfragen: Welche beruflichen Fragen stellst du dir gerade? Starte einen Journaleintrag mit einer Reflexionsfrage, um die Antworten aus dir fließen zu lassen. Zum Beispiel:

+ **Status quo:** Wo stehe ich gerade mit meinen Ideen und Projekten?

+ **Klasse:** Was lief klasse?

+ **Optimierbar:** Was kann ich verbessern?

+ **Schritte:** Was werde ich morgen anders machen?

2. Satzanfänge sind, ähnlich wie Fragen, tolle Startpunkte für Journaleinträge:

+ Meine nächsten Schritte sind ...
+ Ich freue mich auf ...
+ Ich bin dankbar für ...

3. Listen sind wunderbar, um noch mehr Antworten aus dir herauszulocken. Das nächste Mal, wenn du eine Frage formulierst, schreibe dir die gewünschte Anzahl an Antworten direkt auf und starte erst dann mit deinem Brainstorming.

Was sind fünf Fortschritte der letzten Wochen?

1. ....
2. ....
3. ....
4. ....
5. ....

4. Mind-Maps sind eine kreative Alternative zum normalen Schreiben in Zeilen. Als visuelles Gedankentool erlauben sie dir, so zu arbeiten, wie dein Gehirn auch denkt: holistisch und nicht linear,[107] denn sie nutzen eher deine rechte Gehirnhälfte und sind dabei sowohl flexibel als auch kreativ.

Um eine Mind-Map beim Journaling zu erstellen, schreibe das Thema oder die berufliche Fragestellung in die Seitenmitte und verbinde passende Assoziationen und Ideen, die dir in den Kopf kommen. Eine Mind-Map wird kreuz und quer ausgefüllt, je nachdem, welche Assoziationen sich gerade zeigen.

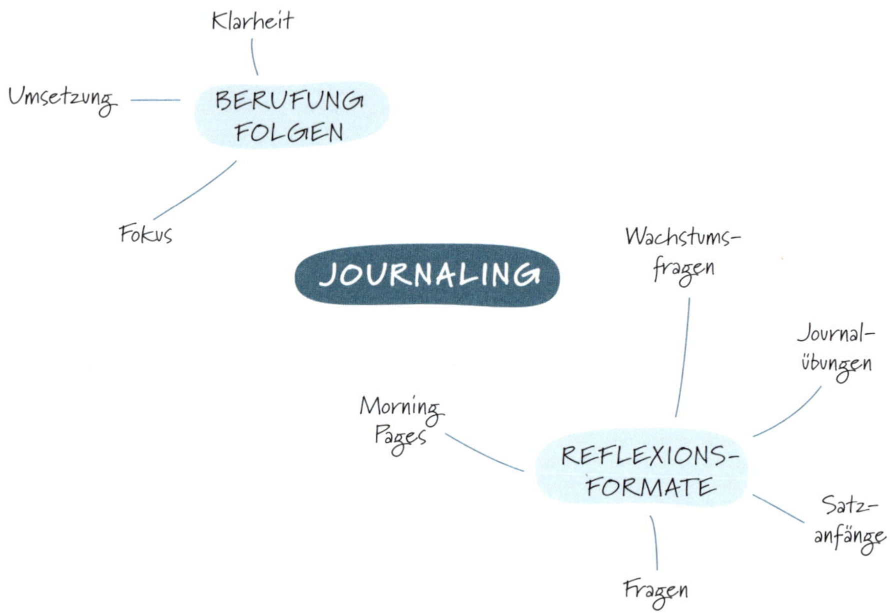

WELCHE ART VON NOTIZBUCH IST DIE RICHTIGE FÜR MICH?
Das kommt sehr auf deine persönlichen Präferenzen und dein Ziel an. Wünschst du dir Struktur und vorgegebene Reflexionsübungen? Dann wartet eine Vielzahl an geführten Notizbüchern auf dich. Wenn du diese vorstrukturierten Journals nutzen möchtest, dann mache dir vorher klar, was du genau erzielen möchtest: Geht es um Dankbarkeit, Produktivität, persönliches Wohlbefinden? Du wirst mittlerweile für (fast) jedes Thema ein dazu passendes Journal finden. Starte mit deiner genauen Zielsetzung und suche dir dann dazu das passende Journal.

Bist du eher der kreative Typ, der sich nicht an vorgegebene Fragen halten will? Dann nutze freie Notizbücher. Ich liebe Journals mit Punktmuster, da sich diese vielfältiger einsetzen lassen. Du kannst darin wunderbar schreiben, aber eben auch malen.

Inzwischen nutze ich drei Arten von Notizbüchern:

- ein **persönliches Journal** in DIN A5 auf meinem Nachttisch zur regelmäßigen Reflexion (privat und beruflich),
- ein **Projektjournal** in DIN A4 auf meinem Schreibtisch für berufliche Projekte,
- ein **Aufgabenjournal**, um meine täglichen To-dos festzuhalten und meine Woche zu planen. Hier eignen sich punktkarierte Ringbücher in DIN A5, die du komplett aufgeschlagen während des Arbeitens neben dich legen kannst.

KANN ICH AUCH EIN DIGITALES NOTIZBUCH NUTZEN?

Natürlich. Ich empfehle beides: sowohl ein physisches Buch als auch ein digitales Notizbuch, zum Beispiel in Notion, Evernote oder One-Note. Viele von uns sitzen beruflich viele Stunden täglich vor dem Rechner, da ist das Schreiben mit Papier und Stift eine wohltuende Abwechslung, und außerdem spricht das Schreiben mit der Hand mehr Gehirnareale an als das Tippen. Das handschriftliche Schreiben verlangsamt dein Denken und zwingt dich dabei, dich auf das Wichtigste zu fokussieren.[108]

Dennoch ist die beste Art des Journalings die, die du tatsächlich auch machst. Wenn du nicht der Typ für physische Notizbücher bist oder dich nach vielen Versuchen nicht daran gewöhnen kannst, dann folge der Art, die dir leichtfällt und guttut.

KANN ICH MIR SCHON MIT FÜNFMINÜTIGEM JOURNALING ETWAS GUTES TUN?

Journaling muss nicht lange dauern. In fünf Minuten kannst du dein Selbstvertrauen stärken und neue Motivation generieren, indem du deinen Fokus auf die Fülle um dich und deinen Fortschritt ausrichtest.

Frage dich Fülle-Fragen wie: Worauf kann ich gerade stolz sein? Wofür kann ich mir gerade danken? Was waren bisher meine größten Erfolge? Wo habe ich in den letzten Wochen Fortschritte gemacht? Und lese nochmals das Kapitel »Fokussiere Fülle« in Teil 7 für noch mehr Inspiration.

WELCHE KLEINEN VERÄNDERUNGEN MACHEN JOURNALING NOCH EFFEKTIVER?

#1: Erstelle ein Inhaltsverzeichnis und verwende Seitenzahlen.

Beginne neue Notizbücher mit einer Doppelseite für das Inhaltsverzeichnis – bei bereits genutzten Journals kannst du dies auf den hintersten Seiten ergänzen.

Schreibe auf jede zweite Seite in Zweierschritten die Seitenzahl, um Zeit zu sparen (also auf jede rechte Seite, beginnend mit 2). Dann kannst du später besonders wichtige Einträge im Verzeichnis auflisten.

#2: Integriere die Gefühlsebene beim Schreiben, um intensive Erlebnisse zu verarbeiten.

Eine gute Sequenz dafür ist die folgende Dreierformel:

- *Erlebnis:* Was habe ich erlebt?
- *Gedanken:* Welche Gedanken habe ich dazu?
- *Gefühle:* Was fühl(t)e ich dabei?

Schließe danach die Reflexion mit einer Wachstumsfrage ab.

#3: Lies Einträge noch mal durch.

Direkt nach dem Schreiben und wenn du das nächste Mal schreibst – du wirst sehen, dass dir dieser kurze Moment Abstand hilft, schneller Erkenntnisse zu verinnerlichen.

#4: Hab Spaß und sei kreativ.

Nutze Journaling auf eine Weise, wie es dir im Alltag Freude bereitet, und experimentiere, in welchen Bereichen du überall noch dein Journal als geniales Tool nutzen kannst, um Klarheit, Fokus und Erfüllung zu erschaffen. Deine Notizbücher freuen sich bereits auf kreative Ideen und neue Experimente!

HERZLICHEN GLÜCKWUNSCH!

Du hast es gewagt, dich auf die magische Reise deiner Berufung zu begeben: einer Reise zu beruflicher Erfüllung und persönlichem Wachstum. Den größten und wichtigsten Schritt hast du damit bereits getan!

Lasse dich von nun an täglich von dem Ruf deiner Intuition führen, vertraue auf deine Kraft und innere Weisheit. Du hast einen weisen Teil in dir, der den Weg kennt und dir den Pfad zu beruflicher Erfüllung zeigen möchte. Wo genau er dich hinführen wird, kannst und musst du zu keinem Zeitpunkt deiner Reise wissen.

Nutze deine stärkste Freude und tiefste Angst als Wegweiser. Erlaube der Welt, von deinen Superkräften und deinen Schmerzpunkten zu profitieren. Folge der Neugier hin zu neuen Abenteuern und erinnere dich immer wieder daran, dass es nicht darum geht, »irgendwo« anzukommen, sondern dem Ruf deiner inneren Stimme täglich zu folgen. Deine Berufung ist das, wozu dich dein Herz gerade aufruft. Vertraue und folge diesem Ruf mit tiefer Hingabe, und du wirst dadurch automatisch deine Berufung finden und leben.

Nutze deine Berufung, um für etwas Größeres zu stehen, und committe dich, deine Medizin in die Welt zu bringen. Dabei ist es nicht wichtig, ob hunderttausend, hundert oder zehn Personen von deiner Medizin profitieren. Kein Ruf ist edler oder wertvoller als ein anderer. Jede von uns wird gebraucht, und es ist kein Zufall, dass du dieses Buch in die Hand bekommen hast. Deine Intuition kennt deinen Weg!

Erschaffe Fülle in deinem Berufsleben für dich und für alle anderen. Du bist eine Schöpferin und verdienst es, glücklich und erfüllt zu sein – mehr noch: Die Welt braucht dich in erfüllter Form, um selbst aufzublühen.

Ich danke dir für dein Vertrauen und für deinen Mut, dass du dich auf den Weg zu deiner Berufung gemacht hast. Du wirst gebraucht. Deine Ideen, deine Superkräfte und intuitiven Impulse werden gebraucht.

Viel Erfüllung und Freude für deinen Weg!
Deine Maxine

MEIN GESCHENK AN DICH

Ich weiß, wie verwirrend die Reise zur eigenen Berufung sein kann. Wenn du die hier im Buch besprochenen Themen gemeinsam vertiefen möchtest, lade ich dich ganz herzlich zu meinem Online-Coachingprogramm ein. Es wird dir helfen, noch tiefere Klarheit zu gewinnen, dein Selbstbewusstsein weiter zu stärken und kraftvoll in die Umsetzung zu kommen, um deiner Berufung dann mit Leichtigkeit zu folgen. Du erhältst geführte Journalsessions, Aufgaben für die direkte Umsetzung sowie wöchentliche Coachingübungen für das Folgen deiner Berufung.

Mit dem folgenden Rabattcode erhältst du einen besonderen Leserinnenrabatt auf das Onlineprogramm, um gemeinsam mit mir deinen Weg zur beruflichen Erfüllung weiterzugehen:

www.maxineschiffmann.de/berufung

Rabattcode: MEINRUF

Ich freue mich auf dich und die Arbeit mit dir!

DANKE EUCH!

Danke an meinen großartigen Partner Matt: danke für all deinen Support in den vergangenen Monaten (und Jahren) und dafür, dass du immer an meinen Erfolg glaubst – vor allem, wenn ich selbst zweifle .

Danke an Karolin König-Baykan, ohne dich wäre ich heute nicht dort, wo ich bin. Danke für unsere wunderbare Geschäftspartnerschaft und eine besondere Freundschaft. Danke für dein Mitgefühl, deine Förderung und dein Vertrauen!

Danke an Dirk Luenzer für deine ermutigenden Worte in den letzten Jahren und für den Raum, den du mir gegeben hast, um mich weiterzuentwickeln. Danke für die Zeit und den Freiraum, den ich brauchte, um dieses Buch zu schreiben.

Danke an Frau Herz für deine aktivierenden Nachrichten, die dafür sorgten, dass ich das Buchkonzept auch tatsächlich abgeschickt habe. Danke für all deine Unterstützung und deine Großzügigkeit, die dieses Buch brauchte, um in die Welt zu kommen!

Danke an Dunja Buchhaupt und Johanna Merbach für die vielen wertvollen Feedbacks zum Buch und für den Austausch, der absolut notwendig war. Danke Mareauline und Janine, dass ihr beiden euch spontan die Zeit genommen habt, um das Buch in kürzester Zeit komplett Korrektur zu lesen. Eure Feedbacks waren so bereichernd, DANKE EUCH!

Danke an die wundervollen Menschen, die ich für das Buch interviewen durfte: danke an dich, liebe Grit Müller, für deine Begleitung in den letzten Jahren und deine liebevollen und dennoch immer glasklaren Worte, die mir geholfen haben, meine Freude wieder zu leben und mein Potenzial zu nutzen. Danke, liebe Marina Zayats, für unsere Freundschaft, die mir so wichtig ist, und für all deine ermutigenden Worte und Rückmeldungen während unserer Workations und darüber hinaus. Danke an dich, Kristin Woltmann, für unsere schöne Verbindung und unsere gegenseitige Unterstützung. Danke, Melina Royer, für den tiefen persönlichen Austausch, den ich sehr schätze. Danke, liebe Maria Anna Schwarzberg, für deine Authentizität und deine Impulse, die mich berührt haben. Danke, Marietheres Viehler, dass du deine Geschichte mit mir geteilt hast. Danke, Julia Colella für unsere tolle Zeit auf Bali und dafür, dass wir uns bis heute gegenseitig wachsen lassen. Danke, Svenja Hofert, für deine Großzügigkeit und deine Bücher, die mich bereichert haben. Danke an dich, Daniel Hoch, für deine Inspiration zum Thema maskuline und feminine Energie, die ein wichtiger Baustein für dieses Buch gewesen ist.

Danke, Mama, dass du mich immer wieder daran erinnerst, dass ich gut bin, so wie ich bin. Danke für deine Kreativität und Neugier, die bis heute mein Leben bereichern und die wichtige Puzzleteile für meinen eigenen Weg sind. Danke, Papa, dass du mir immer mit Rat und Tat zur Seite stehst und dir so selbstverständlich Zeit nimmst, wenn ich dich brauche. Danke für die tiefgehenden Unterhaltungen zum Buch und für deinen Tatendrang, der mich erleben lässt, dass Träume wirklich realisierbar sind. Danke, Maresa, für unsere wertvollen Titelbrainstormings, unsere tiefe Verbindung und die Rückenstärkung.

Danke, Ramona, für unsere Freundschaft und die gegenseitige Inspiration in den letzten Jahren! Danke für eure wertvollen Feedbacks, liebe Nina, liebe Carina und liebe Rosanna. Ihr habt mir so sehr weitergeholfen! Danke an Annalena Volk für unsere gegenseitige Unterstützung, die ich sehr schätze. Danke, Lina, für die bereichernde Zusammenarbeit im Rahmen von YBG und Soforthelfer sowie für dein Feedback zum Buch. Danke, Diana, für den Raum, meine Gedanken zu einigen Kapiteln zu ordnen und in eine gute Form zu bringen. Danke für deine bereichernden Ergänzungen! Danke, Tomas Herzberger, für deine Rettung, als ich mit meiner Story nicht weiterkam. Danke für den Austausch und die Unterstützung bei jeglichen Businessfragen. Danke an Rebecca Campbell für deine wertvolle Arbeit und für die Förderung im Rahmen deines »Work Your Light-Stipendiums«, das mich auf eine besondere Weise bereichert hat.

Danke an Britta Fietzke für dein Worttalent. Das Buch hat sich sehr über deine Anmerkungen und Anregungen gefreut.

Danke an Katharina und Jacqueline sowie das gesamte Team beim Fischer Verlag für euer Vertrauen und die Flexibilität, so dass das Buch seinen genauen Inhalt während des Schreibens finden durfte. Danke für eure Geduld beim Buchtitel und die Freiheit, den wirklich passenden Titel zu finden. Ihr seid großartig!

ÜBER MAXINE SCHIFFMANN

Maxine Schiffmann steht für berufliche Erfüllung durch Persönlichkeitsentwicklung. Als Business & Personal Growth Coach unterstützt sie ambitionierte Menschen, ihre beruflichen Projekte selbstsicher voranzutreiben, Klarheit zu gewinnen und Erfüllung zu finden.

Ihre langwierige Suche nach ihrer Berufung brachte sie bereits in jungen Jahren zur Persönlichkeitsentwicklung und führte sie um die halbe Welt, um Ansätze aus Wissenschaft und Spiritualität zusammenzubringen.

Nachdem sie in England ihren Master (M. Sc.) absolvierte, arbeitete sie mehrere Jahre lang als Karrierecoach und -trainerin, um sich dann auf die Persönlichkeitsentwicklung im Berufskontext zu spezialisieren.

Mit ihrem *Business-Journal*-Podcast schuf sie 2019 den ersten deutschen Reflexions-Podcast, auf dem sie wöchentlich ihre Zuhörerinnen zu schriftlichen Reflexionen einlädt. Sie ist der Host der *Digitalen Show für Selbstständige* und Managerin des *YBG Start-up-Programms* für junge Gründerinnen und Gründer.

Erfahre mehr über Maxine unter www.maxineschiffmann.de.

ENDNOTEN

1 Manpower Group. 2019. *Studie Jobzufriedenheit 2019*. 23. September 2019. https://www.manpowergroup.de/-/media/project/manpowergroup/manpowergroup/manpowergroup-germany/studien_pdf/mpg_jobzufriedenheit_2019_studie_20190923.pdf. Abgerufen am 02. Juli 2021.
2 Karolin König-Baykan. O. D. *Über Career Catalyst*. https://www.careercatalyst.de/about. Abgerufen am 30. Juni 2021.
3 Ebd.
4 Zit. nach: Maxine Schiffmann. 2020. Interview mit Kristin Woltmann. Business-Journal-*Podcast*. Zugänglich auch über www.maxineschiffmann.de/bonus. Erscheint im Februar 2022.
5 Svenja Hofert. 2016. *Das Märchen von der Berufung: Ein Abgesang in 5 Akten*. https://karriereblog.svenja-hofert.de/karriereundberuf/das-maerchen-von-der-berufung-ein-abgesang/. Abgerufen am 11. April 2021.
6 Zit. nach: Maxine Schiffmann. 2021. Interview mit Maria Anna Schwarzberg. Business Journal-*Podcast*. Zugänglich auch über www.maxineschiffmann.de/bonus. Erscheint im Februar 2022.
7 Gail Larsen. 2018. *Original Medicine – your expression to the world*. https://real-speaking.com/original-medicine/. Abgerufen am 12. April 2021.
8 Zit. nach: Maxine Schiffmann. 2020. Interview mit Grit Müller. Business Journal-*Podcast*. Zugänglich auch über www.maxineschiffmann.de/bonus. Erscheint im Februar 2022.
9 Tara Mohr. 2015. *Playing Big*. London: Arrow Books. Seite 34.
10 John D. Norton. 2012. *A peek into Einsteins's Zurich Notebook*. 20. Juni 2012. https://www.pitt.edu/~jdnorton/Goodies/Zurich_Notebook/. Abgerufen am 30. Juni 2021.
11 British Library. O. D. Leonardo da Vinci's notebook. *Collection Items*. https://www.bl.uk/collection-items/leonardo-da-vinci-notebook#. Abgerufen am 30. Juni 2021.
12 Ursula Homann. 2016. *Goethes Tagebücher sind erstaunlich schlicht und nüchtern*. https://literaturkritik.de/id/4926. Abgerufen am 30. Juni 2021.
13 Jessica Chastain. 2017. *Emma Watson*. 24. April 2017. https://www.interview-magazine.com/film/emma-watson-1. Abgerufen am 30. Juni 2021.
14 Julie Jordan. 2017. Why Jennifer Aniston Writes Down a »Gratitude List« Every Morning. *People*. 14. August 2017. https://people.com/style/jennifer-aniston-gratitude-list/. Abgerufen am 30. Juni 2021.
15 ASCA. 2016. *Training Katie Ledecky by Yuri Suguiyama, Curl Burke Swim Club (2012)*. 30. November 2016. https://swimmingcoach.org/training-katie-ledecky-by-yuri-suguiyama-curl-burke-swim-club-2012/. Abgerufen am 30. Juni 2021.16 Bullet Journal. O. D. *Rapid Logging*. https://bulletjournal.com/pages/learn. Abgerufen am 30. Juni 2021.
17 Ryder Carroll. 2018. *The bullet journal method*. Glasgow: Fourth Estate.

18 Bas Kast. 2009. Ich fühle, also bin ich. *Die Zeit*. 23. November 2009. https://www.zeit.de/zeit-wissen/2006/02/Gefuehle_Titel/komplettansicht. Abgerufen am 30. Juni 2021.
19 Zit. nach: Maxine Schiffmann. 2020. Interview mit Marietheres Viehler. Business Journal-*Podcast*. Zugänglich auch über www.maxineschiffmann.de/bonus. Erscheint im Februar 2022.
20 Rebecca Campbell. O. D. Work Your light. https://rebeccacampbell.me/wylcourse/#WYL. Abgerufen am 02. Juli 2021.
21 Lissa Rankin. 2015. *The Anatomy of a Calling: A Doctor's Journey from the Head to the Heart and a Prescription for Finding Your Life's Purpose*. Emmaus: Rodale.
22 Stanford News. 2005. *›You've got to find what you love,‹ Jobs says*. 12. Juni 2005. https://news.stanford.edu/2005/06/14/jobs-061505/. Abgerufen am 30. Juni 2021.
23 Ink Factory. O. D. *The Powerful Science Behind Visual Note-Taking*. https://inkfactorystudio.com/blog/powerful-science-behind-visual-notetaking/. Abgerufen am 30. Juni 2021.
24 Zit. nach: Maxine Schiffmann. 2020. Interview mit Grit Müller. Business Journal-*Podcast*. Zugänglich auch über www.maxineschiffmann.de/bonus. Erscheint im Februar 2022.
25 Rebecca Campbell. 2016. *Dein Licht steht dir gut*. Übers. von Iris Halbritter. München: Ansata.
26 Rebecca Campbell. O. D. *Rebecca Campbell*. https://rebeccacampbell.me/. Abgerufen am 02. April 2021.
27 Laura Malina Seiler. 2020. *Schön, dass es dich gibt*. Hamburg: Rowohlt, hier: S. 58.
28 Svenja Hofert. 2016. *Was sind meine Stärken? Entdecke, was in dir steckt.* Offenbach: Gabal, hier: S. 15.
29 Zit. nach: Maxine Schiffmann. 2021. Interview mit Maria Anna Schwarzberg. Business Journal-*Podcast*. Zugänglich auch über www.maxineschiffmann.de/bonus. Erscheint im Februar 2022.
30 Eckart von Hirschhausen. 2012. *Das Pinguin-Prinzip*. YouTube. 3:31 Minuten. 28. Juni 2012. https://youtu.be/sY539oAsTb0. Hier: Minute: 02:20.
31 Melina Royer. 2017. *Verstecken gilt nicht*. München: Kailash, hier: S. 11.
32 Vanilla Mind. O. D. *Über Vanilla Mind*. https://vanilla-mind.de/ueber-vanilla-mind/. Abgerufen an 30. Juni 2021.
33 Nicole Sawyer. 2015. 11 Things You Didn't Know About *Eat Pray Love* Author Elizabeth Gilbert. *ABC News*. 24. September 2015. https://abcnews.go.com/Lifestyle/11-things-eat-pray-love-author-elizabeth-gilbert/story?id=33981032. Abgerufen am 30. Juni 2021.
34 Elizabeth Gilbert. 2015. *Big Magic*. New York: Riverhead.
35 Steve Jobs. 2005. *Steve Jobs' 2005 Stanford Commencement*. Stanford. YouTube. 15:04 Minuten. 08. März 2008. https://youtu.be/UF8uR6Z6KLc. Abgerufen am 05. Juli 2021.
36 Cal Newport. 2012. *So good they can't ignore you*. New York: Grand Central.

37 Elizabeth Gilbert. 2015. *Elizabeth Gilbert: Don't Chase Your Passion And Maybe You'll Find It*. YouTube. 2:25 Minuten. 06. November 2015. https://youtu.be/Z_PSUskgiZU. Abgerufen am 05. Juli 2021.
38 Stanford News, 2005.
39 Bharat Sharma. 2018. How A Calligraphy Course Rewrote The Life Story Of Steve Jobs. *Million Centers*. 11. Mai 2018. https://www.millioncenters.com/blog/how-a-calligraphy-course-rewrote-the-life-story-of-steve-jobs. Abgerufen am 30. Juni 2021.
40 vonLennox. O. D. *vonLennox*. https://www.vonlennox.com/. Abgerufen am 11. Dezember 2020.
41 Austin Kleon. 2013. *Alles nur geklaut – 10 Wege zum kreativen Durchbruch*. Übers. von Patrick Hutsch. München: Mosaik, hier: S. 35.
42 Die Idee für mein eigenes Projektes bekam ich damals durch die australische Autorin Marianne Cantwell des genialen Buchs: 2019. *Be a Free Range Human*. London, New York: Kogan Page.
43 In den Buchbonusmaterialien auf meiner Website findest du zusätzlich auch eine Version als Download. www.maxineschiffmann.de/bonus.
44 Rich Litvin. 2020. *Hell Yes. Hell No. Maybe*. 17. Februar 2020. https://richlitvin.com/hell-yes-hell-no-maybe/. Abgerufen am 30. Juni 2021.
45 Zit. nach: Maxine Schiffmann. 2020. Interview mit Kristin Woltmann. Business Journal-*Podcast*. Zugänglich auch über www.maxineschiffmann.de/bonus. Erscheint im Februar 2022.
46 Barbara Sher. 2007. *Refuse to Choose! – Use All of Your Interests, Passions, and Hobbies to Create the Life and Career of Your Dreams*. Emmaus: Rodale Books.
47 John Williams. 2014. *How to be a scanner and still be a success*. 08. April 2014. http://www.screwworkletsplay.com/2014/04/how-to-be-a-scanner-and-still-be-a-success/. Abgerufen am 30. Juni 2021.
48 Zit. nach: Maxine Schiffmann. 2020. Interview mit Melina Royer. Business Journal-*Podcast*. Zugänglich auch über www.maxineschiffmann.de/bonus. Erscheint im Februar 2022.
49 Melina Royer. 2020. *Trau dich, Mut steht dir*. München: arsEdition, hier: S. 4.
50 Das habe ich gehört in Derek Halperns Blogging-Kurs. Mehr Informationen: https://socialtriggers.com/.
51 Marie Forleo. 2018. *Ryan Holiday on What Most of Us Get Wrong about the Creative Process*. YouTube. 33:09 Minuten. 01. Mai 2018. https://www.youtube.com/watch?v=u0GKtsT1HIM. Abgerufen am 05. Juli 2021.
52 Russ Harris. 2011. *ACT leicht gemacht: Ein grundlegender Leitfaden für die Praxis der Akzeptanz- und Commitment-Therapie*. Freiburg: Arbor.
53 Eckhart Tolle. 2002. *Jetzt! Die Kraft der Gegenwart: Ein Leitfaden zum spirituellen Erwachen*. Übers. von Christine Bolam. Bielefeld: Kamphausen, hier: S. 81.
54 Harris, 2011.
55 James Clear. 2020. *Die 1% Methode – Minimale Veränderung, maximale Wirkung. Mit kleinen Gewohnheiten jedes Ziel erreichen*. Übers. von Annika Tschöpe. München: Goldmann.

56 Harris, 2011. 57 Lissa Rankin. 2015. *The Anatomy of a Calling: A Doctor's Journey from the Head to the Heart and a Prescription for Finding Your Life's Purpose*. Emmaus: Rodale.
58 Lissa Rankin. O. D. View A Mini-Series From The Five Month Online Program That Will Transform Your Relationship With Health Care. *Whole Health Medicine Institute*. https://wholehealthmedicineinstitute.com/. Abgerufen am 02. Juli 2021.
59 David Epstein. 2020. *Es lebe der Generalist!* München: Redline.
60 Jochen Mai. O D. Mosaik-Karriere: Bewerben mit buntem Lebenslauf. *Karrierebibel*. https://karrierebibel.de/mosaik-karriere/. Abgerufen am 30. Juni 2021.
61 König-Baykan. O. D. *Über Career Catalyst*.
62 Hofert, 2016, hier: S. 38.
63 Aus einem persönlichen Gespräch mit Diana Bär, 2021.
64 John Williams. O. D. *Welcome to the Scanners' Career Quiz*. http://www.screwworkletsplay.com/quiz/. Abgerufen am 02. Juni 2021.
65 Barbara Sher. O. D. Are You a Scanner? *Getmotivation*. http://www.getmotivation.com/motivationblog/2017/04/barbara-sher-scanner/. Abgerufen am 30. Juni 2021.
66 Tomas Herzberger. 2020. *Growth Hacking*. Bonn: Rheinwerk.
67 Martin Gardt. 2018. *Wie Laura Malina Seiler dank sechs Millionen Podcast-Downloads ein Digital-Coaching-Imperium aufbaut*. https://omr.com/de/laura-malina-seiler-happy-holy-confident/. Abgerufen am 30. Juni 2021. Pinterest. O. D. *Laura Malina Seiler*. https://www.pinterest.de/pin/119415827606442508/. Abgerufen am 30. Juni 2021.
68 Amazon. o. D. *Laura Malina Seiler*. https://www.amazon.de/-/en/Laura-Malina-Seiler/e/B077BY258W?ref_=dbs_p_ebk_r00_abau_000000. Abgerufen am 30. Juni 2021.
69 Aus einer privaten Unterhaltung mit Julia Colella, 2020.
70 Wikipedia. 2021. *The 4-Hour Workweek*. https://en.wikipedia.org/wiki/The_4-Hour_Workweek. Abgerufen am 30. Juni 2021.
71 Mel Wells. O D. *Hey there! I'm Mel Wells*,. https://melwells.com/. Abgerufen am 30. Juni 2021.
72 Marina Zayats. 2020. *Digital Personal Branding: Über den Mut, sichtbar zu sein. Ein Guide für Menschen und Unternehmen*. Wiesbaden: Springer Gabler, S. VI.
73 Ebd.
74 Austin Kleon. 2016. *Show your work! – 10 Wege, auf sich aufmerksam zu machen*. Übers. von Leena Flegler. München: Mosaik.
75 Gehört von Internetunternehmer Derek Halpern.
76 Kleon, 2016, hier: S. 20.
77 Richard Eisenberg. 2020. What It Takes To Make Yourself ›Forever Employable‹. *Forbes*. 29. Oktober 2020. https://www.forbes.com/sites/nextavenue/2020/10/29/what-it-takes-to-make-yourself-forever-employable/?sh=36723084721f. Abgerufen am 30. Juni 2021.

78 Selina Fehr. 2015. Das Sein in der Box. *Zeitpunkt*, *139*, S. 17. https://www.zeitpunkt.ch/fileadmin/download/ZP_139/17_Das_Sein_in_der_Box_SF_139.pdf. Abgerufen am 30. Juni 2021.
79 Inspiriert und verändert nach Ralf Senftlebens Onlinekurs zu seinem »Projekt Tagebuch«. Weitere Informationen: https://zeitzuleben.de/projekt-tagebuch-jns/.
80 Bullet Journal. O. D. *Bullets*. https://bulletjournal.com/pages/learn. Abgerufen am 30. Juni 2021.
81 Daniel DiPiazza. 2014. Why You Should Ask a Bamboo Farmer What It Takes to Succeed. *Entrepreneur Europe*. 04. Dezember 2014. https://www.entrepreneur.com/article/240371. Abgerufen am 01. Juli 2021.
82 Elvis Plesky. 2020. Reid Hoffman, Linkedin Co-founder, Tells His Story From Failure To Success. Plesk. 10. Februar 2020. https://www.plesk.com/blog/people-articles/reid-hoffman-linkedin-success/. Abgerufen am 01. Juli 2021. Erik Gregersen. 2021. LinkedIn. *Britannica*. https://www.britannica.com/topic/LinkedIn. Abgerufen am 01. Juli 2021.
83 Byron Katie. O. D. *The Work auf Deutsch*. https://thework.com/sites/de/. Abgerufen am 21. Juni 2021.
84 Byron Katie. 2012. *Anleitung zu The Work*. 26. Januar 2012. https://thework.com/wp-content/uploads/2019/03/AnleitungzuTheWork.pdf. Abgerufen am 21. Januar 2021.
85 Fake Buddha Quotes. 2013. *»Pain is inevitable, suffering is optional.«* https://fakebuddhaquotes.com/pain-is-inevitable-suffering-is-optional/. Abgerufen am 01. Juli 2021.
86 Cal Newport. 2010. *The Passion Trap: How the Search for Your Life's Work is Making Your Working Life Miserable*. https://www.calnewport.com/blog/2010/10/16/the-passion-trap-how-the-search-for-your-lifes-work-is-making-your-working-life-miserable/. Abgerufen am 01. Juli 2022.
87 Zit. nach: Maxine Schiffmann. 2021. Interview mit Maria Anna Schwarzberg. Business Journal-*Podcast*. Zugänglich auch über www.maxineschiffmann.de/bonus. Erscheint im Februar 2022.
88 Zit. nach: Maxine Schiffmann. 2020. Interview mit Svenja Hofert. Business Journal-*Podcast*. Zugänglich auch über www.maxineschiffmann.de/bonus. Erscheint im Februar 2022.
89 Karl Moore. 2020. Criticism Is Good But Praise Is Better. *Forbes*. 18. November 2020. https://www.forbes.com/sites/karlmoore/2020/11/18/criticism-is-good-but-praise-is-better/?sh=535d508aca18. Abgerufen am 01. Juli 2021.
90 Marie Forleo. 2017. *Brendon Burchard: How to be Successful (Using Science)*. YouTube. 33:53 Minuten. 19. September 2021. https://www.youtube.com/watch?v=EG402k7vVZU&t=1203s. Abgerufen am 05. Juli 2021.
91 Christopher Bergland. 2017. Silent Third Person Self-Talk Facilitates Emotion Regulation: Try using your own name during inner dialogue. *Psychology Today*. 28. Juli 2017. https://www.psychologytoday.com/us/blog/the-athletes-way/201707/silent-third-person-self-talk-facilitates-emotion-regulation. Abgerufen am 01. Juli 2021.

92 LinkedIn. O. D. *Dr. Cornelia Andriof – Inhaber – Kraft & Partners.* https://www.linkedin.com/in/cornelia-andriof. Abgerufen am 02. Juli 2021.
93 Kate Northrup. 2019. *Do Less: A Revolutionary Approach to Time and Energy Management for Ambitious Women*. Carlsbad: Hay House, hier: S. 12.
94 Zit. nach: Maxine Schiffmann. 2020. Interview mit Daniel Hoch. Business Journal-*Podcast*. Zugänglich auch über www.maxineschiffmann.de/bonus. Erscheint im Februar 2022
95 Robert Betz. 2011. *Weibliche Kraft: Die Rückkehr zur Kraft des Weiblichen.* https://robert-betz.com/mediathek/robert-betz-in-den-medien/artikel-von-robert-betz/weibliche-kraft/. Abgerufen am 01. Juli 2021.
Christina Grahn. O. D. *Weiblichkeit leben und in den Alltag integrieren: Gar nicht so leicht oder?.* https://www.herz-kopf.com/weiblichkeit-leben-und-in-den-alltag-integrieren-gar-nicht-so-leicht-oder/. Abgerufen am 01. Juli 2021.
96 Brené Brown. 2012. *Die Gaben der Unvollkommenheit: Lass los, was du glaubst, sein zu müssen, und umarme, was du bist. Leben aus vollem Herzen.* Übers. von Dr. Ute Weber. Bielefeld: J. Kamphausen, hier: S. 43.
97 Zit. nach: Chantal Pierrat. O. D. 3: The Keys to Feminine Power with Claire Zammit. *Emerging Women.* https://emergingwomen.com/podcast/claire-zammit/. Abgerufen am 01. Juli 2021.
98 Frau Herz. 2019. *Von der Magie, deine eigene zu Heldin zu sein.* Frankfurt am Main: Fischer.
99 Malcom Gladwell. 2008. *Outliers: The Story of Success.* London: Penguin, hier: S. 56.
100 Brend Kramer. 2016. Glück gehabt. *Die Zeit.* 30. November 2016. https://www.zeit.de/karriere/beruf/2016-11/karriere-zufall-einfluss-erfolg. Abgerufen am 01. Juli 2021.
101 Mike Dooley. 2014. How to Create a Plan of Action (the Triangle Exercise). *The Universe Talks.* 28. November 2014. https://www.tut.com/28-how-to-create-a-plan-of-action-the-triangle-exercise/?articleId=28. Abgerufen am 01. Juli 2021.
102 Ebd.
103 Randy Pausch. 2010. *Last lecture – Die Lehren meines Lebens.* In Zusammenarbeit mit Jeffrey Zaslow. Übers. von Yvonne Badal. München: Goldmann, hier: S. 32.
104 Julia Cameron. 2019. *Der Weg des Künstlers – Ein spiritueller Pfad zur Aktivierung unserer Kreativität.* Übers. v. Anne Follmann und Ute Weber. München: Knaur. Leben.
105 Carrie Battan. 2016. »The Artist's Way« in an Age of Self-Promotion. *New Yorker*. 04. Mai 2016. https://www.newyorker.com/culture/cultural-comment/the-artists-way-in-an-age-of-self-promotion. Abgerufen am 01. Juli 2021.
106 Clear, 2020.
107 Evan Roxanna Ramzipoor. O D. The quick guide to mind mapping. *miro.* https://miro.com/guides/mind-mapping/. Abgerufen am 01. Juli 2021.
108 Kristin Wong. 2017. Journaling Showdown: Writing vs. Typing. *lifehacker.* 05. März 2017. https://lifehacker.com/journaling-showdown-writing-vs-typing-1792942629. Abgerufen am 01. Juli 2021.

Frau Herz
Entdecke die Heldin in dir
Dein kreatives Selbstliebe-Workbook

Schritt für Schritt begeben wir uns auf eine Reise von deinem Außen zu deinem Innen, um deine eigene Heldin zu entdecken und mit ihr eine erfüllte Gegenwart und Zukunft zu erleben.

In diesem Selbstliebe-Workbook findest du wirkungsvolle Achtsamkeitsübungen, Selbstliebe-Impulse und Anleitungen für ein kreatives Leben und eine selbstbestimmte Zukunft.

Zum Eintragen, Aufschreiben, Reflektieren und Üben. Ein Begleiter für jeden Tag.

192 Seiten, broschiert